N文库

Fukuoka
Shin-ichi

福冈伸一
科学散文集

流动的河流是一种动态平衡

[日]福冈伸一 / 著
李敏 / 译

贵州出版集团
贵州人民出版社

著作权合同登记号 图字：22-2024-019 号

图书在版编目（CIP）数据

流动的河流是一种动态平衡：福冈伸一科学散文集 /（日）福冈伸一著；李敏译 . -- 贵阳：贵州人民出版社，2024.5

（N 文库）

ISBN 978-7-221-18360-6

Ⅰ . ①流… Ⅱ . ①福… ②李… Ⅲ . ①水平衡－普及读物 Ⅳ . ① P731.26-49

中国国家版本馆 CIP 数据核字 (2024) 第 101993 号

LIUDONG DE HELIU SHI YIZHONG DONGTAI PINGHENG（FUGANGSHENYI KEXUE SANWENJI）

流动的河流是一种动态平衡（福冈伸一科学散文集）

[日] 福冈伸一 / 著

李敏 / 译

选题策划　轻读文库　　出 版 人　朱文迅

责任编辑　徐楚韵　　助理编辑　陶　李　　特约编辑　靳佳奇

出　　版　贵州出版集团　贵州人民出版社

地　　址　贵州省贵阳市观山湖区会展东路 SOHO 办公区 A 座

发　　行　轻读文化传媒（北京）有限公司

印　　刷　北京雅图新世纪印刷科技有限公司

版　　次　2024 年 5 月第 1 版

印　　次　2024 年 5 月第 1 次印刷

开　　本　730 毫米 × 940 毫米　1/32

印　　张　8.125

字　　数　135 千字

书　　号　ISBN 978-7-221-18360-6

定　　价　35.00 元

关注轻读

客服咨询

本书由
2015年
12月3日
至
2020年
3月19日
连载于
《朝日新闻》的
“福冈伸一的
动态平衡”
专栏
经改名后
出版。

目录

p.15

p.31

p.44

p.64

p.81
p.99

p.121

p.170

p.128

p.190

p.167

序言

首先（因为有空间），我想在此处引用本书第一篇中所介绍的18世纪德国诗人弗里德里希·冯·席勒的话。

树木萌芽无数
Der Baum treibt unzählige Keime
却生而不育
die unentwickelt verderben, und
深深扎根、开枝散叶
streckt weit mehr Wurzeln,
Zweige und Blätter
为延续个体与后代
nach Nahrung aus,
als zu Erhaltung seines Individuums
吸收远超所需的养分
und seiner Gattung verwendet werden
面对如此丰沛的能量过剩
Was er von seiner verschwenderischen Fülle
树木既非使用，亦未享受，只是重新归于自然
ungebraucht und ungenossen dem
Elementarreich zurückgiebt

动物将这充沛的营养

das darf das Lebendige in fröhlicher

欣欣然用于自由的活动中

Bewegung verschwelgen.

So giebt uns die Natur

自然伊始

schon in ihrem materiellen Reich ein

奏响生命无限延展之序曲

Vorspiel des Unbegrenzten und hebt

逐渐挣脱物质枷锁

hier schon zum Teil die Fesseln auf,

deren sie sich

终以自由之身显形

im Reich der Form ganz und gar entledigt

出处: "The Boundaries of the Limitless"（约瑟夫·科苏斯）

※内容引自日本横滨市未来港站横滨皇后广场展出的由该艺术家所创作的公共艺术作品

这是席勒致丹麦王子奥古斯滕堡公爵的一封信中的一部分。信件名为《论人的审美教育》。

因为是诗人所写，其内容与其说是信，倒不如说是诗文。这首诗讴歌了生命不是自私的而是具有利他性的，同时赞美了生命的本质是自由。面对前人的如此洞察力，我感到无比敬畏。我想说的一切，其实都已包含在这首诗中了。

我的生命论的关键词，正如书名所示，是“动态平衡”。生命通过不断地自我破坏又自我重塑，来抵抗时间的考验。更准确地说，这是在通过抗拒熵（混乱程度）增定律，来保持某种生命秩序。

但是生命无法战胜熵增定律，终究会被击败。这就是所谓的衰老，体现了生命的有限性。正因生命是有限的，所以生活才有意义，也因此散发光芒。

生命的动态平衡与利他性密切相关。

生命不断从环境中获取物质。植物通过光合作用的形式，动物则通过食用其他生物的形式。同时，生命也不断通过呼吸、排泄或者被食用向环境提供物质。获得、给予，周而复始。这正是利他性的体现。所交换的物质，短暂地点亮自己的生命，而后又传递给他者——所有生命都存在于这种流转之中。这就是动态平衡。

※※※

前些天，我无意中重读旧作《骷髅13》[1]时，偶遇这样一个印象深刻的场景：那是有关信奉“一切归人

1 日本漫画大师斋藤隆夫的代表作。

民所有”的俄国罗曼诺夫王朝传承的宏大故事。一对在西伯利亚荒野上逃亡的父子登场。这对父子是暗示了“骷髅13”神秘出身的重要角色（此处暂且不论）。父亲严厉地传授儿子生存之术。有一天，他命令儿子用矛到河里刺鱼。然而，儿子面对杀生的要求犹豫不决。

父亲：“为何不下手？这是家人和村民们宝贵的食物啊……”

儿子：“……”

父亲：“小麦和蔬菜就可以吗？小麦和蔬菜也是活的啊！”

儿子：“……”（开始抽泣）

父亲：“是啊……活着本就是件罪孽深重的事……”“一切生灵……都是洪流中的一部分……”

下定决心的儿子，在用猎枪射杀鹿时也变得不再犹豫。

※※※

本书收录了我从2015年12月到2020年3月每周一次向《朝日新闻》投稿的文章。

近来，日本频繁遭受地震、洪水灾害，各种时事一件接着一件，最后，是新冠肺炎的流行。美国迎来了特朗普政权，但充满混乱的终场也即将到来。在这段时间里，我尝试把因偶尔抬头看见的天空、感受到的风、突然回想起的气味而产生的所思所感，用文字记录下来。这些文章中贯穿始终的主题，是我对动态平衡和利他性的思考。

这些都是非常短小的随笔。因篇幅所限，它们更像感慨而非论考，更接近于素描而非叙述。或许它们更像诗歌或短歌（尽管语言不如诗歌或短歌那般工整）。如果这些文字能够给读者带来哪怕一点点的启示或共鸣，那也将是我的荣幸。文章是按时间顺序排列的，但读者可以从任何部分开启阅读。

自疫情暴发以来，大约两年过去了，但目前还不清楚何时能够结束。一度呈下降趋势的感染者数量，在变异株出现后，再次呈现全球性的增长趋势。未来究竟会如何发展呢？

只要有宿主，病毒就会扩散并不断变异。显而易见的是，我们无法完全根除病毒，也无法阻止变异株的出现。未来肯定会出现传统疫苗无法发挥效用的变异株。自然界的规律就是如此：逼迫就会反弹，压迫就会上浮。

因此，不能每每出现变异株都反应过度，归根结底，我们只能寻找与病毒的动态平衡。病毒作为自然界的一部分，应当会趋向于与宿主以较为稳定的状态共存，而不是造成严重的伤害。即病毒必将毒性降低，变成低致死率状态。宿主，即人类，也会发生变化。随着感染人数的增加，群体免疫范围将扩大，疫苗也会普及。制药公司将继续研发针对变异株的疫苗，也会研发出防止病毒增殖的治疗药物（如针对流感的奥司他韦）。同时，医疗体系应得到完善，确保病患及时接受治疗，预防重症发生。这是人类对抗病毒所能尽的最大努力。除此之外，每个个体都应当做好防护，信任自己的免疫力。这样，新冠病毒终将会成为一种“普通”的常驻病毒。那将是人类与病毒达成动态平衡的时刻。正如这部随笔集在最后所提到的，我们只能用心聆听祇园精舍的钟声（这里不是指京都的祇园，而是位于印度腹地的寺院）。

Chapter 01

2015.12.3

—

2016.7.7

生命慷慨的利他性

从横滨港未来站下车后，沿着长长的直梯上行，只见一面黑色的巨大墙壁上雕刻着整齐的碑文。这是一首德文诗和它的日语译文。这上面究竟写着什么呢?

碑文如下:“面对如此丰沛的能量过剩，树木既非使用，亦未享受，只是重新归于自然。”“过剩”，我恍然大悟。如果植物以自私的方式行事，只进行自身生存所必需的光合作用，那么我们地球上的生命就不可能如此多样。

碑文继续道:“动物将这充沛的营养，欣欣然用于自由的活动中。”这是18世纪德国诗人弗里德里希·冯·席勒的话。

正因为植物作为初级生产者，将太阳的能量固定到过剩的程度，并毫不吝惜地施予虫鸟，丰富水土，才有了今天的我们。我不知道还有什么话语能如此恰如其分地把握到生命循环的核心——生命本质上不是自私的，而是利他的。通过不断将这种利他性传递给其他生命，我们才得以在地球上共存。动态平衡指的正是这一过程。

这面墙本身是美国当代艺术家约瑟夫·科苏斯的作品，他引用了席勒的诗文。在大多数人急匆匆地径直走过时，我在这巨石前默默祈祷了一阵。

分解与更新永不停歇

在一次研讨会上，一位企业高层站上讲台，郑重其事地宣布："今后最重要的是可持续发展。""Sustainability"，这个词在日语中被翻译为"持续可能性"。实际上，并不需要所谓高层的教诲，最热心追求可持续性的正是我，更准确地说，是我这个生命体。

生命时刻面临着枪林弹雨——细胞膜氧化、废物积累、蛋白质变性和基因变异，等等。如果放任不管，生命的秩序将会崩溃。

可持续性通常给予人们坚固耐用、强大稳定的印象，但生命体从一开始就放弃了这种选择。相反，它选择了一种更加松散、柔软的自我。它始终通过分解、破坏、再重塑的方式来摆脱风险。正是这样，生命才得以持续38亿年。

例如粪便。粪便看似是食物残渣，但其主要成分是消化道细胞的残骸。这些残骸每日被排出，取而代之的是每日诞生的新细胞。我将这种不间断地分解与更新的过程称为"动态平衡"。这就是生命的定义，也是生存的本质。在冲水的前一刻，请向正消融于宇宙之中的昨日之我再次告别吧。

因失而得之物

“近独占浴室座椅”——这是为了记住人体无法靠自身合成的九种必需氨基酸——苯丙氨酸、亮氨酸、缬氨酸……的谐音口诀。[1]这是生物学的基础知识。比人类更早地存在于地球上的微生物或植物可以自己合成几乎任何的氨基酸。那么，为什么包括人类在内的动物失去了合成这些关键氨基酸的能力呢?

学生时代，我曾向老师提出过这个问题。他轻描淡写地回答说：“因为我们可以从丰富的食物中获得它们呀。”我对这个回答并不满意。即使是不必要的能力，也不会因此轻易丧失，除非失去这项能力对生存更有利。自那以后，我一直反复思考这个问题。直到某一天，一种想法突然一闪而过——在遥远的过去，曾出现过因突变而失去氨基酸合成能力的微生物或植物。

这本是致命的。但正因其致命性，一定的移动能力（哪怕是一点点）被特别选择了出来，并赋予它，于是它因失去，而获得了更大的能力。如果能够自行移动，就能主动寻找食物、逃避捕食者、发现新的生态

1　原文为：風呂場椅子独り占め。人体九种必需氨基酸，即赖氨酸、色氨酸、苯丙氨酸、甲硫氨酸、苏氨酸、异亮氨酸、亮氨酸、缬氨酸和组氨酸。此处取各日语词的首个假名组成记忆口诀。

位。这标志着“动物”的诞生。换句话说，必需氨基酸的必需性恰恰使动物成为动物。缺陷或障碍并不全是负面的。对本质上处于动态的生命而言，它们始终是开启崭新可能性的原动力。

圆满的对称之美

许多男性被丰满的胸部所吸引。为什么？如果试图从生物学角度解答这个问题，最终总会指向进化的故事——因为这有利于生存。但是，这类解释通常都是马后炮，因此我们需要有所保留地接受它们。

最著名的奇谈怪论可能是德斯蒙德·莫里斯提出的“臀部模仿”理论。哺乳动物本以背后交配为主。男性因被拥有能够代替臀部的大胸女性所吸引，从而促成了正面交配，加深了男女间的纽带。这真的合理吗？大猩猩和倭黑猩猩也会面对面交配，尽管它们的胸部很平。“哺乳信号”理论认为，丰满的胸部是产后能够哺乳的标志，被认为是抚养子女的保障而得到欣赏。但是，母乳并非直接来自乳房的脂肪。

我的假设是这样的：人类能够从对称性中发现美。比如蝴蝶的翅膀、鹿的茸角和鹰的羽翼。创造对称性，需要复杂的生命进程。因此，完美的对称展示了创造的完善度和无误性。换句话说，完美的对称本身就是健康和丰饶的象征。乳房因其是双丘而有了存在的意义，所谓美的起源，正是基于对生命有益之物的美感……

啊，我听到了反对的声音。玛丽莲·梦露的美，难道不是因为那颗打破对称的美人痣吗？

受限而生的协调性

为什么手腕不能360度旋转呢？敕使川原三郎不由自主地陷入沉思。毫无疑问，敕使川原三郎当属现代舞鬼才。他在黑暗中伴随巴洛克音乐舞动，手指和脚尖画出的流畅轨迹，如同在空中留下闪亮的光芒，这些残影短暂停留在空中，不会即刻消失。

如果手腕能360度旋转，我的身体在那一瞬间就会像一个能发出哔哔声的机器人。手肘不能张开超过一定角度，膝盖也不会向相反方向弯曲——为什么我们的身体需要这样的限制呢？究其原因，要归结到人和机器人的区别，也就是生物和机器的区别之上。

如果手腕超出其限制向更外侧旋转，我的手臂就会自然扭曲，肩膀打开，腰部倾斜。也就是说，因为有限制，所以促进了身体其他部分的协调运动。

生物学中有一个美妙的词语，叫作“互补性”，意为互相补充，互相约束。身体各部件的限制是为了部件之间的联动。不，说“部件”是错误的。身体并非由各自分离的部件组成，它是作为一个整体而存在的。

敕使川原三郎优雅的舞蹈正是这一点的最佳诠释：受限是为了更大的自由。

音乐与生命的韵律

在漫长的冬夜，静静聆听巴赫的前奏曲。我的思绪在时间中游走，被过去的琐事纠缠，最终散落成无序的梦。不知何时，曲子结束了，宁静笼罩四周。但我仿佛还能听到什么声音。

突然我思考起来。音乐的起源究竟是什么？是虫鸣，还是鸟儿穿透山谷的歌声？许多研究者认为，这一切起源于生物之间的求爱沟通。音乐确实充斥于自然界之中。但，是否还有更深层的起源？

其实，还存在着另一个充满音乐的世界：吸气吐息、血管搏动、肌肉收缩、神经脉冲，以及性爱的律动。是的，位于我们内部的“自然界”，那里同样皆是律动。但我们常常会忘记这一点——忘记我们活着。这些音乐中有明确的起伏、脉动和循环，它与生命的节奏完全同步。巴赫的音乐终了后，我听到的正是这种回响。

音乐的产生，是为了让我们再次确认自己的生命真实存在。换句话说，音乐是人类为自己的生命节奏创造的外部参照。音乐正是生命的节拍器。

鲜味与辣味，都细细品味

不管是高温、热咖啡，还是辣椒酱的辣味，全都是“hot”。英语真是种粗糙的语言。接下来，让我们来讲讲基本的五种味道[2]：酸、甜、苦、咸、鲜。这里没有辣味。在揭示其原因之前，我想先围绕关于味觉的某些未知之事谈一谈。

在西方世界，人们在很长一段时间里，都未曾意识到鲜味的存在。他们只感受到甜、咸、酸或是苦的味道，却未曾思考过番茄为什么可以做成酱汁，鸡骨头为何可以用来熬汤。

番茄的果肉部分和鸡骨头中都含有大量的谷氨酸，这是蛋白质的主要组成成分。能够感受到这些“美味”的生物得以生存下来，是因为它们可以循着“美味”找到生存所需的营养物质。当人们发现，舌头上除了针对甜、咸、酸、苦的感受器，还对等地存在着针对谷氨酸的特异性感受器（受体）时，鲜味才进入了基本五味的行列。然而，对于日本这样的和食国家来说，这是不言而喻的事情。

另一方面，辣椒素的辣味受体也被发现了。令人惊讶的是，它竟然和感知温度的受体是同一种。辣味不是一种味道，而是一种热感。原来，辣和热同样用

2　与中国料理类似，日本料理也讲究“五味”。

“hot”来表示，是有一定道理的。刚刚还说英语“粗糙”，着实抱歉。

如何让蜥蜴转身

走进动物园，来到爬行动物馆。一只大蜥蜴静静地待在那里，一动不动。你知道如何吸引这只蜥蜴的注意力吗？敲打玻璃是不行的。只需把手放在蜥蜴面前，然后突然迅速收回，它就会立刻转头。这是因为对于生物来说，“信息”是指消失的迹象。

我们人类认为，书籍和网络是信息。但那只是简单的记录（档案）。为什么秋天的森林里会长出蘑菇？那是因为地下的真菌能感知温暖的消失，预感冬天的来临，为了传播后代而开放伞状结构。夜行动物通过视野中星光的消失，意识到空中敌人的来袭。

一直存在的东西倏然消失，未曾存在的东西突然出现，于生命而言，动态才是真正的信息——通过变化感知环境，并做好准备。信息往往正是引发行动之物。所以，如果永远是相同的气味、声音或味道，那就不再是信息。我们不会觉得自己的唾液咸（却能分辨出亲吻的味道）。为了创造新的信息，环境必须持续更新、复写，否则变化将无法被察觉。

网络社会的不幸在于，信息永远不会消失。一根细小的刺，也会一直留存。信息只有在消失后，才会成为真正的信息。

无法科学诠释“何谓DNA”

有时候人们会说，“您的文章写得真好”。我并不清楚自己的文章是否真的写得好，但我确实尽力使其易于理解、易于传达。

我有一个原则，就是尽量避免使用“是什么”的表述方式。“何谓DNA？”这样的开头就是一种“是什么”的表述。这可能是媒体行业术语。当用“何谓”开场时，讲述者不可避免地会采取一种居高临下的态度和启蒙式的语气。

我的爱好是滑雪。因为成年后才开始学习滑雪，所以学起来一直很辛苦。在滑雪场，当教练完成优美的示范，又看到我踉踉跄跄地滑下来时，他经常会叹息着，露出“为什么这么简单的事都听不明白呢？”的表情。我心里想，那是因为你完全忘记了自己是如何一步步学成的。

科学也是同样的道理。我们应当细致地讲述，人类沿着时间轴抵达“何谓”这一术语或概念之前的过程本身。不是简单地解释DNA的属性，而是当我们逐步阐释清楚在细胞内发现的酸性纤维的作用和结构时，科学才真正属于每一个人。

换句话说，科学的最终出路是语言。

“破坏”的意义

创造与破坏，哪个更重要？在20世纪，生物学家通过追寻细胞内蛋白质产生的方式，发现了如何精妙地传递DNA信息。然而，到了21世纪，生物学家的关注点却出人意料地转移到细胞内蛋白质是如何被破坏的。

他们发现，不仅是受损的或者没用的蛋白质在被破坏，甚至刚刚制造出来的、还可以发挥作用的蛋白质，也会被毫不吝惜地大量破坏。而且，细胞准备了多种破坏蛋白质的方式和场所。比起创造，细胞更加不遗余力地进行着破坏和丢弃。任何时候，唯一不曾停歇的就是破坏这一行为。为何会如此？

我打个比方。高速公路隧道内的灯，尽管非常昂贵，但它们会在有效寿命结束前被不断换新，以维持隧道内的一定亮度，防止事故发生。万物流转，消耗、风化、生锈、作废，这都是熵增定律。

细胞通过提前自我摧毁，避免了内部混乱的蔓延，它们不断地在故障发生前拔除隐患。生命通过破坏，来创造时间。为了不变，而不断改变。实质上，破坏比起创造更具创造性。

传承而来的生命“记忆”

去年年底，我听说一位熟人生了宝宝，于是我从收藏品中挑选了一块小型的菊石化石送去作贺礼。后来，我收到一封附了照片的信，信中说，孩子“迎来了‘初次进食’的日子，我们用化石做了筷架”。照片中的螺旋形化石上，恰如其分地摆放着一双漆筷。信中还写道，希望把孩子培养成一个能感受到化石之美的人。

很多人认为化石是由远古时期的贝壳或骨头固化而成的，但其实并非如此。贝壳或骨头被埋在海底柔软的沙土中。沙土不断堆积，在压力作用下缓缓变成坚硬的岩石，海底最终暴露成地表；被封存的贝壳或骨头，因为与周围的岩石相比较为脆弱，所以渐渐破碎。然后，其他矿物质慢慢渗入。结果就是，原本呈现贝壳或骨头形状的空隙，被构成岩石的不同矿物质逐渐填充。那就是化石。

因此，化石并不是遗骸本身，而是曾经存在于那里的生命的“记忆”。它的形状和遗影，于岁月变迁中，被矿物质所复制而后取代。这就像是往用泥土做的模具中倾倒熔化的金属制作铸件一样。也就是说，往化石中倾注并被牢牢凝固住的，正是时间本身。形成一块菊石，需要上亿年，不，或许要更久。等孩子长大一些，再讲给他听吧。

发现“缝隙”的蝴蝶们

艾瑞·卡尔创作的《好饿的毛毛虫》是一本深受世界各地读者喜爱的绘本。一只饥饿的小毛毛虫在一个星期天的早晨诞生了。诞生之初，它的肚子咕咕叫。它吃了苹果、梨、草莓，抓到什么都会狼吞虎咽。毛毛虫吃得太多，还弄坏了自己的肚子。尽管如此，它总算顺利变成蛹，并最终变成了一只美丽的蝴蝶。

但我想稍微说一句，卡尔先生，您真的见过蝴蝶的生活吗？正如那些真正养过毛毛虫的人所知道的，毛毛虫并不会像故事中那样吃很多不同的东西，它们其实相当节制。凤蝶幼虫只吃柑橘或山椒叶；黑脉金斑蝶幼虫只吃欧芹或胡萝卜叶，而斐豹蛱蝶幼虫只吃一种叫作马蹄香的特定杂草。尽管从营养成分上讲，吃哪种叶子应该都一样，但无论多么饥饿，它们绝不会吃别的叶子。为什么会这样呢？

这是为了避免为有限的资源进行无用的争斗。经过长时间的发展，每个物种都相互让步，在自然界中找到了属于自己的一小块生存空间。这个空间被称为“生态位”。这是一种朴素谦逊的独立宣言：我会只依靠这个生存下去。

当然了，卡尔先生，我明白这绘本源于人类的想象，是对无法实现的变身梦想的憧憬。

拥有姓名的东西才会被看到

如果让刚刚入学的新生用显微镜观察细胞，并要求他们“画下你们所看到的”，结果他们的画作就像小孩的涂鸦，由断断续续的线条构成，类似模糊的云朵形状。

实际上，普通的细胞是没有颜色的。它们所呈现的形态像水中溶解的琼脂，因折射率略有不同而形成一种透明而含糊的三维形态。因此，科学家会使用特殊的染色剂来突出其轮廓和界限。有时候甚至会加上金属微粒来形成黑色阴影。即便如此，通过镜头所看到的，仍然只是些错综复杂的图案，或者是散布着无数微粒的不规则形状。

接下来，学生们会用一整年的时间，系统性地学习细胞生物学的基础知识：细胞核是由双层膜组成的球体，内部填充着双螺旋结构的DNA，线粒体负责呼吸作用，内质网是分泌蛋白的生产装置……

到了第二年春天，再次让学生们观察细胞，并要求他们“画下你们所看到的”。结果如何呢？他们能够清晰地连接细胞膜，清楚地描绘出细胞内的小器官。这是因为只有被命名的东西才会变得可见。但这也存在一种风险：在某一瞬间，你似乎真的看到了那个拥有姓名的东西——那被誉为“万能细胞”的幻影，可能就是这样产生的。

文理分科前

仅仅基于数学和物理能力的优劣，在相当早的阶段就将高中生分成文科和理科，实在是太可惜了。因为在大学教育中，我们有时会发现文科学生中存在拥有理科天赋的人。反之亦然。

理科直觉究竟是什么？是静静凝视或侧耳倾听来自自然界细微信息的能力，或者是感受宇宙中潜在秩序之美的能力：他们发现素数无限优雅，双螺旋结构则如奇迹般优美。

另一方面，理科思考也需要文科的感觉。从理科视角来看，超自然现象或神秘学应该毫不留情地被否定。但是，人们频繁目击UFO是从美苏冷战开始之后的。虽然神秘学不能成为研究对象，但向往神秘学的倾向有其社会语境。无论何时，文科感知力都能够将想象力向着人类与自然领域延伸。

换言之，在分文理科之前，人首先应该是一个自然观察者。同时，在教育中创造一个可以自由穿梭于不同领域的通道是非常重要的。

她发现了男性的秘密

夜晚是她的时间。白天，她在这所女子大学担任辅导员，忙于杂务。年过40岁，她才终于得到这份工作。学生们大概都以为她只是一名清洁工吧。

她在房间的一角向显微镜中凝视。那是一种甲虫，黑色小昆虫，幼虫以面粉为食。这些不起眼的实验材料，能用她仅有的研究经费维持。这么小的昆虫，也有雌雄之别，会交配生子。

她着眼于染色体。它们似乎与性别的决定相关。她将细胞切成薄片，来检查其中的染色体数目。这是一项需要耐心的工作，就像一点点切割西瓜，逐一数籽一样（你需要在脑海中重构三维西瓜）。

每个卵子都必然携带10条染色体。但精子却有携带10条的和携带9条的两种之分。不，不对，携带9条染色体的精子中，还有一个小小的碎片。当这种精子与卵子结合时，雄性就会出生。这个碎片，就是我们今天所称的Y染色体。

雄性的小小自尊，和雄性与雌性相比“少了些什么”的这一事实，是由一位当时无名的美国女性科学家——内蒂·玛丽亚·史蒂文斯首次发现的。发现男性秘密的，总是以女性为先。这是100多年前的事。

“让溶酶体再次伟大”

在美国洛克菲勒大学的蓝色穹顶下，哈维讲座在例行举办。这个以血液循环的发现者命名的讲座上，正由当今最具潜力的研究者登台发言。尽管已是深夜，会场依然座无虚席。老教授们正装打扮，坐在最前排。这天的发言人是安娜·玛丽亚·奎尔博。

她用西班牙口音的英语，精彩地讨论着溶酶体研究的前沿工作。距溶酶体的首次发现，已经过去了半个多世纪，这正是在洛克菲勒大学发生的。起初看似不起眼的小颗粒，事实上对细胞来说至关重要。它负责将细胞内产生的所有废物彻底清扫干净。

溶酶体功能的减弱，也被发现与衰老和肥胖密切相关。最后，她的合作研究者通过播放幻灯片赞颂她。“让溶酶体再次伟大”——幻灯片中的红色棒球帽上写着这样的字眼。会场爆发出笑声。大家都知道，这是在模仿特朗普——那位与众不同的总统候选人的口号。然而实际上根本无须这样说。溶酶体从很久以前——大约自20亿年前真核细胞出现以来——就一直是、也将永远是，默默无闻却十分伟大的“净化者”。

年少时邂逅的银蜓，化作建筑灵感

少年在这片湖泊边长大。深夜，潜藏在水中的蜻蜓幼虫向浅滩爬去。它们牢牢抓住岸边的水草茎，而后伴随黎明的到来，一齐羽化。拥有蓝色苗条躯体的银蜓，会在飞翔前的片刻，停留在刚脱落的壳上，身体微微颤抖。

它们那透明如薄玻璃纸般的翅膀上，细脉复杂交错。如此形成的纹理，虽看似几何图形，但并无两处完全相同的多边形。翅膀形态优雅，却蓄满力量，反射着熠熠晨光。少年久久凝望这一幕，暗下决心，将来一定要建造这样的建筑。

纽约现代美术馆正在举办名为“Toyo Ito, SANAA, and Beyond”的展览。虽然在新国立竞技场方案竞赛中惜败，但建筑师伊东丰雄迄今为止的作品，正在由柔软的白布隔断的空间中展出。树木的分枝、错综复杂的细胞膜，以及与蜻蜓翅膀类似的结构，拥有贯穿始终的共性，即对生命力的展现——他一直在努力实现少年时代的梦想。自然是个无穷尽的设计灵感资源宝库。

弱者的巧妙战略

在深邃黑暗的海洋中，正在发生着一件神奇的事情。肉眼几乎不可见的微小细菌逐渐聚集起来。它们的数量从几十增加到几百，再由几百增加到几千，很快就形成了一个数量庞大的集合体。突然，这个集合体开始发出苍白的光芒。细菌开始同步发光。

在人类组织中，会议的召开需要一定数量的参与者，这就是所谓的法定人数。这种智慧的举措是为了防止少数成员专断的发生。有趣的是，我们发现“法定人数”这一概念也存在于生物界中。但这并不是为了防止专断，而是为了让个体的微弱力量通过集结产生巨大的效果。

某些病原菌，当宿主的抵抗力下降，且菌体数量增加时，它们才开始产生毒素，发起攻击。或者当集团变大后，它们会一起制造出黏液状的防护壁来保护自己。由于个体非常脆弱，因此在数量少的时候它们会让免疫系统注意不到自己，等到集结了足够的同伴后，再选择合适的时机行动。这可以说是一种等待时机的机制。

为此，它们总是携带着一种特殊的传感器，用于感知周围个体的密度。我们用法定人数的英文单词“Quorum”来定义它，即“Quorum Sensing”(群体感应)，这就是弱者的巧妙战略。

美的起源——与生命紧密相连的蓝色

我喜欢蓝色，喜欢喜马拉雅高原上盛开的罂粟花，维米尔用青金碎石绘制的少女头巾，纽约高远清澈的蓝天……

蓝色是一种神秘的颜色。海之蓝、山之蓝、天之蓝——蓝色看似无处不在，但我们无法从中提取出蓝色来染白布。无论我们舀取多少水，收集多少空气，那里都没有蓝色。这是因为海洋的蓝色或天空的蓝色并非由蓝色素溶解形成，而是在液体或气体的作用下产生蓝光，从而让我们看到蓝色。换言之，这是一种现象性的蓝色，而非实体。

当我们试图从闪耀的蓝色蝴蝶身上提取蓝色时，我们会发现它们的翅膀被碾碎后剩下的只是黑色粉末。那是因为，它们的翅膀上覆盖着的是一种薄薄的、只反射蓝光的玻璃状层。这也是一种现象性的蓝色，是一种结构色。

实际上，蓝色是一种特殊的颜色。与红色、黄色或绿色相比，它具有更强大的能量。当生命还是在古老的海洋中漂流的原始单细胞状态时，最初感知到的应该就是蓝色。蓝色告诉了它们光的方向。于是它们拼命朝向蓝色游去。这或许是我们觉得蓝色美丽的原因：于生命而言，必需之物必然是美丽的。水的蓝色、空气的蓝色，使得美的起源与生命紧密相连。

科学的进步，以“爱”为支撑

支撑科学进步的并非只有科学家，更多是靠业余爱好者。有三个领域尤为明显：昆虫的发现、植物的发现，以及化石的发现。业余爱好者，就是那些“热爱某事物的人”。今天，我要讲述的是我的秘密英雄——铃木少年的故事。他出生在福岛县磐城市。他在图书馆发现了战前的矿山勘探记录，并了解到古老地层露头的位置。每到星期日，他都会骑车30公里去那里。在那里，他找到了菊石、古老的植物、鲨鱼牙齿等。就这样，铃木少年成了一名化石猎人。

有一天，已经是县立工业高中学生的他，在一处断层中发现了一块奇异的椭圆形化石，看起来像动物的脊椎断面。但它太大了。他非常明智地决定不再继续挖掘，而是立即停止作业——这已经超出了业余爱好者所能处理的范围。他联系了国立科学博物馆，一项大规模挖掘计划就此启动。难以置信的是，他们发现了一条长达7米的、几乎完整的巨大海龙化石横卧在那里。它被命名为双叶铃木龙，这是日本古生物学上的一次重大发现。

前几天，我听了铃木先生的演讲。虽然他已不再是少年，但他的眼中依然闪烁着少年般的光芒。最后，他引用了与谢野晶子的一首诗来结束他的讲话：

开辟鸿蒙里，他者筑殿堂。

吾亦铿金钉，共鸣历史长。

鸟儿能看见

在看不见星星和月亮的黑暗夜空，没有一座岛屿横亘的茫茫黑海，迁徙的鸟群仍然直视前方，在强风中坚定地振翅飞翔。在它们的视线前方，仿佛有一些清晰可见的目标物。

它们确实看得见——在朝北的漆黑水平线斜下方，一个漏斗形的洞口敞开着。所有的线条都被吸进这个洞口。鸟儿们能看见那些线条，或者说它们能感知得到。

鸟儿们看到的线条，是人类永远无法看见的。但它们自古以来就飞翔在地球上，感受着地球磁场。磁感线从南极附近发出，环绕地球表面，最终汇入北极附近，形成磁场。地球磁场的流动，对飞鸟而言可谓触手可及。

以前就有迁徙的动物感知地球磁场的证据。也有人提出它们脑内有微小的方位磁铁的假设。最近的研究表明，这些生物感知到的是地球磁场引起的其体内蛋白质电子状态的变化。这样一来，它们就能毫不迷茫地返回故乡。

对于鸟儿来说，这个世界比我们看到的要丰富得多、深邃得多。

于科学研究而言，建筑为何物

我在纽约听到了拉斐尔·维诺里的演讲。在日本，他以设计时尚的东京国际论坛闻名，如今成为美国最受关注的建筑师之一。他的专长是大学和研究所的设计。

我在美国的研究据点是洛克菲勒大学。校园坐落在伊斯特河静谧的高地上。这所专攻生命科学的研究型大学正计划大幅扩建研究实验室。维诺里的提议具有开创性：从道路一侧的正门到河边，是建校以来的古建筑群和绿意盎然的前庭，校园沿着平缓的上坡地势展开。他对这一景观没有做任何修改。相反，他在河边的悬崖上开凿出一个大型半地下的拱形研究楼，从玻璃幕墙上可以俯瞰闪亮的水面。

白发黑衣、戴黑框眼镜的维诺里，说起话来像一位雄辩的哲学家。对于科学研究来说，建筑应该是怎样的？它不应该是自上而下的等级结构，而是一个能够保证随机互动的平坦场所、可变的实验空间，以及研究者聚集在一起的明亮中庭——洛克菲勒大学的新研究楼正实现了这一概念。想到这里，我不由得激动起来。

越看，越看不见

使用网络数字地球仪“谷歌地球”，可以瞬间带你到世界各地旅行。大陆、国家、城市、街区，只需不断放大并切换至照片模式，就能看到中庭或屋顶的游泳池。如果使用投影街景，就能看到郁郁葱葱的林荫树、来往车辆和店铺，仿佛自己正行走其中。

我突然想起曾经有过一次相似的视觉体验。在显微镜下观察一片夹在载玻片中薄薄的洋葱表皮，从那里，我可以清晰地看到细长的细胞小房间和细胞核中的圆形颗粒。我想要观察得更清楚，于是迫不及待地旋转物镜，放大一百倍、两百倍、四百倍。

那时，发生了一件奇怪的事。随着放大倍数的增加，视野突然变窄，以至于我不再清楚自己到底在观察细胞的哪个部位。同时，由于光线极度不足，观察所看到的图像变得暗淡起来。

我认为，对于我们这些容易陷入专业深渊的人来说，保留这种在虚拟现实地图中绝不会发生的体验作为一种讽喻，是非常重要的。

随着分辨率的提高，细节变得更加清晰。然而，我们此时所看到的仅仅是被剪裁出来的世界的一小部分，还是模糊的，实际上并不是真正清晰可见的。

记忆存在于连接之中

生命体处于不间断的流动状态之中。细胞的构成成分，始终不断分解，又不断合成。正如《方丈记》的开头[3]所说，我们的身体永不停息地进行着更新。一年之后，从物质组成上讲，我们几乎已经变成另一个人。因此，从生物学角度来说，在阔别许久的问候中，使用“您看起来变化太大了”会比“您真是一点都没变”更加准确。我每每讲到自己这个压箱底的笑话时，总是会被问到这样的问题：那记忆是如何被保留下来的呢？

请想象一下东京电车山手线。据说这条环线运行始于1925年，但当时所用的铁轨和枕木现在应该早就消失了。铁轨和枕木不断维修更换，车站周边的景象和电车乘客也早已不同。然而，从涩谷到原宿，再到代代木、新宿，这样的路线图却始终保持不变。构成大脑的神经细胞的成分，正如山手线的铁轨和枕木一样，它们不断更新，但神经细胞之间的连接方式，也就是站与站之间的关系得以保持。当电流穿过这些线路时，相同的记忆就会复苏。因此，记忆并非作为物质被保留，而是以一种关系性得以保留。

3　浩浩河水，奔流不绝，但所流已非原先之水。河面淤塞处泛浮泡沫，此消彼起、骤现骤灭，从未久滞长存。世上之人与居所，皆如是（《方丈记》，[日]鸭长明/著，王新禧/译，长江文艺出版社，2011.11）。

翅膀背后的真实表情

无论是雨天还是雪天，他都一如既往地在山道上攀行。在布满瓦砾的斜坡上，他一块块翻动小石头，继续着他的观察。他就是山岳摄影师田渊行男。田渊用镜头留下了那些人迹罕至的深邃山景，那里只有一望无际的岩石孤独地延展着。看他的作品，呼啸的风声犹在耳边。

他在小石头下寻找的，是高山蝶幼虫。多年的研究结果显示，这种秀丽的蝴蝶幼虫在2500米的高地上，忍受着风雪和极寒，经历两个冬天，最终变身成虫。田渊行男的毕生之作《高山蝶》（1959年出版）一书收录了许多珍贵的生态照片，是我们昆虫爱好者的圣经，现在在中古书店中售价惊人。

田渊去世后，人们发现了大量由他绘制的彩色蝴蝶画。神奇的是，这些画全都描绘了蝴蝶的背面羽翼，那里充满了生命的活力。那时田渊意识到，制成标本的蝴蝶被展开翅膀用针固定在展示盒中，然而，看不到的背面，才是蝴蝶的真面目。

高山蝶为了避开山上的强风，会将收起的翅膀侧倾在岩石上。对于这样的信息，田渊总是仔细观察，静静倾听。

从疼痛中认识到的自然运作规律

那时我还是个小学生，在灌木丛中发现了一张完美的蜘蛛网。它身披闪闪发光的朝露，精致的多边形层层叠叠。这时，我注意到蜘蛛网的角落里有一只小蜜蜂在挣扎。网的另一边，一只黄黑斑纹的大蜘蛛正伺机而动。它似乎立刻察觉到振动，灵巧地移动着长腿，慢慢缩短着与蜜蜂的距离。我猛地意识到，必须帮助它。我战战兢兢地用指尖碰触蜘蛛网，试图将陷入网中的蜜蜂解救出来。让我意外的是，网丝很坚固，而且黏性很强，顺势缠绕到我的指尖上。蜜蜂挣扎得更加激烈，透明的翅膀反而也被丝缠住了。由于挣扎加剧，蜘蛛开始迅速靠近。

必须快点！我想捏住蜜蜂的身体，强行把它从蜘蛛的老巢中拉出来。就在那一瞬间，我感受到指尖一阵灼热的剧痛。我被蜜蜂深深地蜇了一下。因为蜜蜂无从知晓这是只来救它的手，它痛苦地挣扎着，用最后一丝力气将一根黑色的针留在了我的指尖上。蜜蜂的刺会在刺伤外敌的同时，使一部分内脏撕裂脱落。蜜蜂就这样死了，掉落在地上。

我的毫无意义的介入干扰了大自然的运作。蜜蜂未能获救，蜘蛛的家和早餐被夺走，而留给我的，是指尖上暂时难以消去的“沉痛悔悟”。

人类由中心开始，人体从边缘开始

当向丹下健三提出“请设计一条理想的鱼”的请求，若他接受，他手中的铅笔会首先一笔画出贯穿整条鱼的背骨。丹下健三总是热衷于中心轴。广岛和平纪念公园的中心轴恰好与原爆圆顶塔对齐；在东京湾的未来城市规划中，中央轴两侧悬挂着葡萄串似的海上住宅。

首先俯视世界，确定中心轴，然后设计细节。这不仅是建筑师的习惯，更是人类思维的常态。人们习惯于以设计的方式思考事物。

但事实上，鱼本身并非如此设计的。生命体本来就是个“地方分权”系统，轴是后来才形成的。比鱼更早出现的生命体，比如像蚯蚓和蜗牛这样身体柔软的生物，是没有背骨的。当细胞聚集在一起相互挤压，从四面八方压缩成中心轴，并因此变得坚固，就形成了脊骨。这种过程甚至在人类从受精卵到长成人形的过程中也同样得以再现。“设计性”的反义词是“自然发生”，善于设计思考的人类，反而是从边缘而非中心产生的。

基因组竞争？淘金热？

我经常前往美国与当地研究者进行交流。一旦熟络起来，我发现美国人也很喜欢聊八卦。最近的热门话题是两位女性研究者，詹妮弗·杜德纳和埃玛纽埃勒·沙尔庞捷[4]。为什么她们现在如此受关注？

细胞内部有细长的DNA丝被折叠并储存。这就是基因组。虽然人们能够解读基因组并进行切割和粘贴，但在数亿个DNA密码字符中，要精确自由地修改任意字符串，这对任何人来说都是不可能的。2012年夏天，这两位研究者通过一种革命性的方法使之成为可能——CRISPR-Cas9，也就是所谓的基因组编辑技术。

这最初是细菌在进化过程中获得的一种防御病毒的机制，在此被巧妙应用。全世界都为之振奋。诺贝尔奖似乎已经唾手可得。半年后，她们在论文中宣布这项技术也可以用于人类细胞。然而，就在她们宣布的几周前，一位年轻的华裔研究人员张锋突然宣布了同样的发现，并在2014年获得了基因组编辑技术的专利。他甚至展示了手写的实验笔记，声称“我比她们更早想到了这个主意”。詹妮弗和她的团队对此愤怒不已，并提出了反驳。

4　两位女士于2020年获得诺贝尔化学奖。

哇，真是惊人！基因组世界正处于一场不合时宜的淘金热和一触即发的夺权之争中。

摆脱基因束缚的价值

英国脱欧了。作为对政治和经济知之甚少的生物学家，我所能讲的实在微不足道。但我想谈一谈，人类是唯一一种经过长时间的进化，成功摆脱了基因束缚的生物。

基因束缚是什么？那就是“争斗、抢夺、建立领土，并让自己繁衍下去”的自私命令。相反，合作而非争斗，分享而非抢夺，不强调地盘意识而选择交流，超越自身利益实现共生——人类正是首种基于摆脱基因束缚的自由而发现了新价值的生物。换句话说，这是一种不是服务于“播种”，而是尊重个体间差异的生命观。

如果欧盟的理念是消除人为划分的国界，促进人与人之间的交流往来，旨在实现共存，那么这正符合脱离基因束缚的生命观。很遗憾，现在的局势似乎有些与此背道而驰。但我并不太担心。压力越大，反弹越强；尽管有沉没的趋势，最终还是会浮出水面。寻求本质的平衡性，正是生命动态平衡的体现。

如果人类发现基因，并认识到从中解放自己的价值是源于基因本身的作用，那么或许基因原本就是这么说的：“生命啊，愿你自由。”

如鳗鱼般悠然自得

数伏丑日将至。引用一位熟人的名言：“鳗鱼从不背叛。”也就是说，无论是高级餐厅还是街边烹饪，鳗鱼就是鳗鱼。作为庆祝之日的美食，无论在哪里吃，都相当美味。饱含油脂的鲜美白肉入口即化，这要归功于日本举世无双的烤鳗鱼技艺。把目光转向国外，达·芬奇的《最后的晚餐》中，据说桌上也有鳗鱼，但尝试复刻这道菜的结果是干瘪的硬邦邦的炸鳗鱼——根本无法食用。而纽约的鳗鱼饭则要在咖喱中配上西蓝花和番茄。

再说到关于鳗鱼的最大谜团。它们在遥远的马里亚纳海沟的深海中产卵，幼鱼随波逐流最终回到日本的河流中。为什么它们要进行如此壮观的迁徙呢？有这样一种假设：鳗鱼原本生活在河流中，在河口附近产卵。由于地壳运动，产卵地逐渐迁移。1亿年、2亿年……经过漫长的时间，直至今日。对鳗鱼来说，这不过是在同一地点来回往复而已。

如果人类能像鳗鱼那样悠然自得地生活，那么大多数领土问题都能得到解决。岛屿会逐渐靠近陆地，最终合为一体；或者会被侵蚀，连同海藻一起消失。只剩下遥远的风吹过浩瀚的蓝色海洋。

Chapter 02

2016.7.14

—

2017.2.16

地图——细胞不需要，大脑却想要

世界上有地图爱好者和地图厌恶者两种人。地图爱好者喜欢地图，在做任何事情之前，他们都希望先了解全局，确定自己的位置，然后再前往目的地。无论是在百货商店还是地铁站，他们首先会查看指示图。人类基本上是以地图爱好者的身份来捕捉这个世界的。他们通过经历大航海和探险，制作了地图集；通过从一端向另一端破译DNA，完成了全基因组图谱。喜欢学习和从事研究的人也是地图爱好者。

然而，世界上也存在与之相反的人，即地图厌恶者。他们从地铁出来或走进百货商店时，会立即开始行动，不会去看楼层平面图，但他们却始终能准确到达目的地。对地图爱好者来说，这简直不可思议。这种能力是依靠直觉还是嗅觉？其实，地图厌恶者拥有一种天生的感知能力，即他们能够识别事物之间的关联性。沿着这条路直走有一个邮筒，右拐有家小卖部，前面左边的小巷深处就是之前去过的房子——这样就能解决一切。

本应是聪明人的地图爱好者，暗自会对地图厌恶者心生恐惧，因为他们似乎更加坚韧，更能应对危机。而从根本上讲，我们的身体是通过细胞的“地图厌恶者式”行为构建的。尽管如此，我们的大脑仍然渴望地图。

人类是“会思考的管道”

帕斯卡曾说，人是一根会思考的芦苇。但在我看来，人类更像是“会思考的管道”。人体本质上就像一根管道，通过嘴巴和肛门与外界相连。因此，折叠的消化道壁是皮肤在体内的延伸，与和外界接触的皮肤一样，也会遭受磨损。尽管我们说食物在肚子里，但消化道的内部实际上还是身体的外部。食物只有穿过这里并被吸收，才真正地进入了身体内部，成为营养物质。

生物变成这种管道状，过程并不久远。最初，生物只是一个“袋子”。想想海葵就知道，它们的嘴和肛门是同一处。从这里吃下东西，然后再排出残渣。后来可能觉得羞耻，于是生物在身体的另一端开出一个排泄口。这就是管道的起源。海胆有嘴（贴在岩石上的那一面），对侧的刺丛中间另有肛门。

有了嘴和肛门，生物便有了前后之分，前面长出了眼睛和鼻子，后面长出了腿和尾巴，使得前进和后退成为可能。最终，大脑在前端形成，生物开始具有一定的策略意识。就这样，人类成了“会思考的管道”。但这真的是好事吗？如果生物仍然是袋状的，也许就不会有顽固的便秘之苦了。

展现效率价值的画家

我久违地来到了意大利。这次旅行的目的是调查达·芬奇对生物学的兴趣，但在佛罗伦萨，我享受了一天艺术漫步。花之圣母大教堂的穹顶壁画、市政大厅两侧的巨大壁画，这些都是同一个人的作品。那就是以《意大利艺苑名人传》闻名的乔尔乔·瓦萨里。

但说实话，与同时代的大师如达·芬奇或米开朗琪罗相比，瓦萨里的画作并不算格外出色。无论是宗教画还是历史画，虽然都是大作，却略显平淡，缺乏澎湃的活力和感召力。

然而，瓦萨里拥有一种无与伦比的才能——高效率。无论如何复杂的任务，他都能迅速地按时完成。这意味着他能遵守交货期（达·芬奇做不到这一点）。因此，他赢得了包括美第奇家族在内的许多知名客户的信任。工作量（或报酬）除以时间就是效率。同时可以计算年销售额、月度目标、日薪、时薪。尽管时间是永恒的，但我们却总是被这些数字所束缚。

交货期、效率以及性价比……正是这样，比起画作本身的价值，瓦萨里因具备近代价值观，而让自己名垂千古。

移居威尼斯，达·芬奇的打算是什么?

这是意大利之旅的续篇。我又去了威尼斯。当从海上接近这座城市时，突然间，远处水平线上的古老的钟楼尖塔和教堂圆顶如海市蜃楼般显现，让我想起了纽约的摩天大楼。

实际上，或许可以称威尼斯为“中世纪的纽约”。世界各地的财富、知识和文物都在此汇聚。在追寻达·芬奇的足迹时，我发现了他生平中一个神秘的时期。他在长期居住于米兰后，于1500年搬到了威尼斯。但他为什么来到这里，又在这里做了什么，却仍然是未解之谜。

我在威尼斯访问期间，恰逢阿卡德米亚美术馆正在举办阿尔多·马努齐奥展。阿尔多是印刷文化的开山鼻祖。尽管西方的活版印刷技术早已由古腾堡发明，但阿尔多将其小型化，加入页码，开发出各种字体，并设计版面——易于携带和阅读的书籍由此诞生。这是书籍史上的一次革命。

我猜测，达·芬奇可能是为了见阿尔多而来到威尼斯的，时间恰好对得上。达·芬奇希望将自己的想法广泛传播给世人。反转的镜像文字在印刷后就能直接成书。他是不是意在做出超级畅销书呢?我的想象无穷无尽。

蝴蝶的飞行原理

我久违地看到了浅黄斑蝶。正如其名，这种蝴蝶以翅膀上的浅葱色和褐色边缘为特征，在空中轻盈优雅地翩翩起舞。

科学上尚未完全明确蝴蝶的飞行原理。飞机的飞行原理与鸟的滑翔方式相同：通过拍动强劲的翅膀（飞机是通过引擎）产生推进力。鸟类翅膀的截面是非对称的流线型，使得翅膀上表面的空气流动速度更快，下表面则更慢，从而产生气压差，抬升身体。

然而，这与蝴蝶的飞行原理完全不同。蝴蝶的翅膀不过是极细的骨架上覆盖着类似赛璐珞[1]的轻质薄膜。它们没有强大的推进力。但不管是逆风还是侧风吹来，蝴蝶都能自如地飞行，不会下坠。

纵观进化的悠久历史，包括蝴蝶在内的昆虫才是最早成功飞向空中的生命体。鸟类出现在大约1亿5000万年前的侏罗纪，而昆虫则早于它们3亿年就已征服天空。

浅黄斑蝶短暂地停留在花朵上，随即又翩然飞起。看似不稳，却坚定地向前飞去，就好像抓住了看不见的空气旋涡，灵巧地飞舞着。它们是风中的冲浪者。蝴蝶离开视野后，突然传来一阵蝉声。

---

1 Celluloid，别名硝化纤维塑料，无色透明，是商业上最早生产的合成塑料。

贝壳里的小房客

暑假时，我在海边捡到了一个贝壳。那是个漂亮的褐色螺旋状贝壳。我想把它作为书架装饰，于是便带回了家。

那天深夜。咦？刚才大门方向传来了奇怪的声音，我聚精会神地听。是我听错了吗？咔嗒、咔嗒、咔嗒。就像是有人在用铁丝插进锁孔发出的可疑声音。不会吧……我走到门口，打开了灯。一切正常。门也落了锁。我不经意间看向脚下。贝壳？对了，是今天带回来的。莫非是……我捡起它，把它放到客厅明亮的桌子上。过了一会儿，贝壳入口处堵着的小石头似的东西被缓缓打开了。接着，是一对细长的触角和黑色的眼睛，然后许多条腿纷纷探了出来！是寄居蟹。贝壳里原来有个小房客。真是抱歉。

我一挪动身子，它瞬间缩了回去。真是格外谨慎啊！寄居蟹是虾和蟹的同类。它们用尾部和后腿抓住贝壳内部，在里面用腿行走，用钳子关闭贝壳。每长大一些，它们都会选择新的合适的贝壳。换壳时，寄居蟹会用钳子检查贝壳的大小，然后将两个壳口对贴，做一个翻滚动作，迅速换到新壳里。

寄居蟹是杂食动物。我将它放进一个盒子，还放了些碎菜叶。第二天早上发现大部分菜叶已经被啃食了。再忍耐一下吧，我会很快把你放生。

为何红色与绿色存在差异?

在里约奥运会上，各国国旗飘扬。显眼的颜色有红色和绿色。但实际上，这两种看似对立的颜色极其相近。绿色的基础叶绿素和红色的基础血红素，在化学结构上非常相似。它们都形似四叶草，只有中心嵌入的金属离子不同，分别是镁和铁。因此，从物理学角度来看，叶子反射的光和血液反射的光是极其类似的。

在灵长类以外的哺乳动物，比如猫或狗的眼中，这两种光是一样的。也就是说，它们无法区分叶子的绿色和血液的红色。不过，它们拥有在黑暗中发现食物、识别敌友的能力，还有对明暗高灵敏度的视觉。

为什么灵长类动物能够区分微小的光差，感知红色和绿色之间的显著差别呢？这与它们作为居住地的森林环境有关。感知红色和绿色之间的显著差别能够帮助它们快速在交错的枝叶中找到种子和成熟的水果，这有利于它们的生存。或许随着个体间交流的发展，读懂面部表情的微妙变化也开始变得重要起来。如此，人类才能够在今天享受五彩斑斓的世界，懂得欣赏艺术和时尚。

内部的内部即外部

生物学虽然被归类于理科领域，但很少使用像微分、积分这样复杂的数学概念，反而需要拓扑学知识——主要是对立体的理解。

细胞被一层薄而坚韧的薄膜（称为细胞膜）包裹着。细胞必须将其内部合成的激素和酶等物质分泌到细胞外。如果直接在膜上开个孔，从这里将物质释放出去，那么反过来，外面的各种杂质就可能一下子涌入细胞内部，让细胞面临巨大危险。

事实上，细胞内部仍有内部。细胞内部有一个类似小气球般的、由与细胞膜同样的薄膜材质形成的空间。激素和酶首先会被装进这个小气球中。在此过程中，需要“气球”瞬时打开一个孔，但这个孔仅使气球与细胞内部连通，并不接触外界。

小“气球”在细胞内部移动，尽可能地靠近覆盖细胞的细胞膜。接着，“气球”的膜与细胞膜的接触点融合，形成一条细小的通道，就像萨罗马湖通过一条狭窄的水道与大海相连一样。如此一来，气球内的物质就被安全地释放到细胞外。也就是说，内部的内部其实是外部。在研究糖尿病、肾病等与细胞的分泌、吸收有关的疾病时，拓扑学知识非常重要。

向先驱致敬

在通常的书写中，对于地位较高的人要加上尊称，而对同事或下属则可以不加。在科学界撰写论文时，可以直呼其名，无论是汤川秀树还是山中伸弥，都不必附加如教授、博士等尊称。这是因为在科学面前，所有研究者都是平等的。但是，我们必须对前人的工作表达敬意，并且正确引用他们的成就。

即便像蛋白质这样的巨大分子，在特定条件下照射激光也可以被电离，并据此测量其质量。这一实验结果由一位年轻的无名技术人员于1987年发表，原本只是悄然发表在一本小众专业期刊上。

然而，后来的许多科学家都相继引用这篇论文，大家都没有忘记对最初的挖井人致以敬意。这是科学界的良好传统。15年后，田中耕一因其在质谱分析领域的先驱工作获得诺贝尔奖，而之前媒体对此毫无关注。

同样的情况可能再次发生。现在正在进行激烈的专利竞争的重大发现——基因组编辑技术，即自由改写遗传信息的革命性方法——的首个契机在约30年前发生，由当时大阪大学的石野良纯等人发现。风向如何变化，尚待观察。[2]

2　前文中提到的张峰最终获得了专利。

汤汁之间是协同效应，人类是……

1加1的结果不是2，而是会更大。这被称为synergism，即协同效应。

比如，这里有一碗淡淡的昆布汤。用勺浅尝一口，可能感觉味道不够。旁边还有一碗鲣鱼汤。尝一口，同样感觉不足。那么，如果尝试将这两种汤等量混合……奇怪了！这碗汤突然变得非常美味！这就是协同效应的实例。

我来简单讲讲原理。昆布汤中含有谷氨酸，鲣鱼汤中含有肌苷酸。舌头上的微型鲜味接收器，能像捕球手套一样捕捉到谷氨酸并感知其味道。这个捕球手套的另一面还有一个口袋，当肌苷酸嵌入时，手套的握力突然增强，即使浓度很低，谷氨酸也能被紧紧抓住。这就是两者之间的协同效应，这一机制使鲜味变得更加突出。就像日本酒（含谷氨酸）和鳕鱼子（含肌苷酸）一样，酒和食物的搭配中也隐藏着这种协同效应。如果人际关系也能如此相互提升就好了，可惜往往容易陷入相互抵消的效果中。

筑地市场生态学

大约几年前，我在哈佛大学的书店里瞥见一本名为TSUKIJI的厚书平摊在那里。拿起来一看，更是惊讶。这是哈佛大学著名的文化人类学学者西奥多·贝斯特撰写的一部关于筑地市场[3]的历史、文化、构成，以及其作为世界上无与伦比的大型复杂市场运作机制是如何运行的研究巨著。这本书的完成，是一次从外部视角进行的细致生态观察。

书中所描述的主题很明确。筑地不仅仅是一个场所，它更是物品、人员、金钱、能源和信息不断流动与交换的动态平衡枢纽。换句话说，筑地是一个活生生的有机体。这是一本罕见的生命论著作。我随即决定翻译这本书，并第一时间得到了贝斯特的许可。那已经是很多年前的事了。如果从生态系统中强行将其割裂并移植，关联性就会因此丧失，平衡也永远不会恢复。

原本贝斯特和我都已对筑地市场的存活不抱希望，但最近，似乎又出现些许转机。在被宣告生命即将结束、强行实施移植手术之前，筑地之所以重获机会，再次停下来思考目前的治疗方法是否真的有效，这无疑是因为筑地本身所具有的顽强生命力。

3　筑地市场是日本的“饮食街”，在这里可以品尝到各种日本传统的食品。

如此多的关联性，多数是“妄想”

在一项研究中，发现了一个胃癌发病率较高的地区。该地区的特产是盐渍品。研究发现，当地居民食用了大量的这种盐渍品……听到这样的故事，我们很容易就会认为，盐渍品可能与胃癌的发生有关。但事情并非那么简单。

当现象A出现的频率增加时，现象B也增加（或减少），看起来两者之间似乎存在某种联系，我们称之为关联性。但关联性仅仅是偶然地让两者看起来有关系而已，并不能说A就是造成B发生的原因，即二者间不一定存在因果关系。

为了确认是否真正存在因果关系，必须进行干预性实验。如果盐渍品真的会导致胃癌，那么必须证明没有食用盐渍品就不会发生胃癌，并且同时证明如果故意增加盐渍品的摄入量，胃癌的发生率会增加。但在人类健康和环境问题上进行这样的实验是不可能的。即使真的存在因果关系，如果其发生需要几十年的时间，那么进行研究的科学家可能会先于研究结果去世。因此，在众多关联性中，真正能证明有因果关系的实例实际上非常少。所以，我们一直生活在“关联妄想”之中。

向新地点继续攀登

为什么要登山？据说，当被问及这个问题时，英国著名登山家乔治·马洛里回答说："因为山就在那里。"日本著名的自然学家今西锦司，一生攀登了1552座山峰。面对同样的问题，年轻时的今西给出的回答令人回味无穷："我看到对面有一座山，于是去攀登。当我登上那座山后，又看到了另一座更高的山。因此，我开始不断攀登。"

这句名言难道不正是对学习本质的巧妙描述吗？我们努力学习，达到一定的水平。然后，从那个高度开阔的视野中，我们看到了新的领域，于是朝视野中的新目标，迈出下一步。

今西通过仔细研究蜉蝣的分布，发现即使在同一条河流中，不同种类的蜉蝣也会因为水流速度和水深的不同而各自找到合适的栖息地，尊重彼此的生存空间。由此，他开始思考物种的主体性，认为进化是"当变化的时机到来时，大家一起发生变化"。

这种观点与仅用突变和自然选择来解释生物进化的传统达尔文主义相悖。现在，今西的生命论被否定，几乎被遗忘。但作为京都学派谱系的传承者，我总会对今西锦司的独立精神心怀敬仰。

生命观新潮流，喜获诺贝尔奖！

诺贝尔奖有一场获奖演讲颇有玄机。2004年的化学奖被授予阿龙·切哈诺沃等三位科学家。他们发现了被称为泛素介导的细胞内蛋白质降解机制。在演讲开始，切哈诺沃就徐徐讲述了鲁道夫·肖恩海默的故事。我暗暗大呼快哉。肖恩海默从纳粹德国逃亡到美国，开始从事研究工作。于我而言，肖恩海默是个英雄，但他在很年轻的时候就神秘自杀了，在科学史上几乎被遗忘。

肖恩海默利用同位素将生物物质运动可视化，生动地展示了我们摄取食物不仅仅是为了补充能量，更是为了不断重建自己的身体。生命存在于不断流动的分子和原子中，保持着微妙的平衡。这就是我的专栏标题中提到的动态平衡，也是一种生命观的革命性转变。

要创造这种流动，破坏比构建更为重要。因此，细胞不断地分解物质。切哈诺沃继承了肖恩海默的遗志，强调了破坏的重要性。

如今，这种范式的转变又融入了新潮流。细胞中还有更为复杂和规模宏大的分解系统。这就是大隅良典的自噬研究。当然，也要恭喜切哈诺沃他们荣获诺贝尔奖！

仍在风中回响的话语

“一只白鸽要飞越多少片海，才能安歇在沙滩上？”鲍勃·迪伦唱着这首《答案在风中飘》，但答案仍是未解之谜，而他终究是拿下了诺贝尔奖。这句话在奖项公布后以各种形式被引用。北山修在《风》中写道“那里只有风在吹”，村上春树则写下了《听风的歌》。风中究竟包含着什么？

不久前，我追寻了现代美术家荒川修作的足迹。他在世界上留下许多奇特之作，如巨大的研钵状土地上排列着奇妙构筑物的“养老天命反转地”，以及拥有波浪形地面和扭曲墙壁的Bioscleave House等。荒川自20世纪60年代起移居纽约。他那位于苏豪区的老旧工作室兼住所的书架上，摆满了从哲学到科学的大量书籍。向导告诉我：“鲍勃·迪伦曾在一楼租住过。”荒川和迪伦有过交流吗？荒川曾说过：“科学对生命一无所知。”他宣布人不会死，而后去世。

风中所含之物，是碎成片段的时间记忆，是辉煌的记忆、愚蠢的记忆。侧耳倾听，荒川的话语就像细微颗粒般散在风中，时近时远，存留至今。

相互突出的明与暗

世界上所有的现象都相互关联，相互影响。看似独立的事物，必定与某事相连。但我们往往只注意到显眼的事物，而忘记了背后的存在。

丹麦心理学家鲁宾设计的壶图提醒了我们这一点。当目光集中于中央的白色图形时，它看起来像一个壶。但一旦将目光转移到周围的黑色区域，就会浮现出两个面对面的人类面孔。这被称为图形与背景的关系。它们互相反转，相互制约，相互补充。

想要让明亮的地方看起来更明亮，需要周围有深邃的黑暗。为了让高山显得更加高耸，需要两侧有陡峭的山谷。

曾经一度，作为结婚对象的“三高男”备受追捧：高学历、高收入、高身材。女性朋友们，请好好想一想：不要被这些东西吸引，那并不是什么好事。因为，要造就三个高点，周围必定存在（不是三个而是）四个低谷。剥开三高男的外皮，背后可能隐藏着四个暗处。比如挥霍无度、花心、家庭暴力、妈宝。何时反转，还未可知。

“一无所有”的若冲的魅力

18世纪，江户时代进入稳定期。彼时的上方，也就是京都，出现了一位具有特殊才能的画家——伊藤若冲，他以博物学的精确性描绘鱼鸟、昆虫和植物，同时采用令人惊艳的现代平面设计色彩和独特布局，创作了生动的画作。他曾在锦市场做蔬菜批发生意，后来早早隐退，不参与游乐，也未曾娶妻，只专注绘画一事。

今年（2016年）是若冲诞辰300周年，社会上掀起一股热潮。只要有关于他的大型展览举办，展馆前便会排起长龙。京都信行寺则在本月特别公开了若冲于暮年创作的神秘天顶画《花卉图》。若冲的魅力究竟在哪里？

有人说，若冲这个名字源自中国古典《老子》：大盈若冲，其用不穷。这句话的意思是虽然看似充盈至极却如同虚空，其功用又是无穷无尽的。

知道了这一点后，再去看若冲的画，又会作何感想呢？小鱼群轻盈地游过空中，牵牛花藤缠绕在边缘，画作中心却有大片留白。是的，他的画中存在空洞。但在这空白之间，却承载着支撑世界的力量。若冲的画和他的名字所暗示的原来是这样一种事实：意义恰恰存在于虚无之中。

进步的和不进步的东西

在大学讲课时，我在黑板上画着细胞图，背后接连传来机械声响，“咔嚓、咔嚓、咔嚓”。现在的学生们不是在笔记本上做笔记，而是用手机拍照。我为人宽容，在我的课上做什么都可以。因为我相信，禁止不会带来学习的欲望。但是我会和他们讲，课下要记得稍微看看照片，回忆一下今天学到了什么。

看着他们，我深切地感受到时代在变化。英语论文阅读课上，几乎没有学生带纸质词典。就在不久前，电子词典还是主流，但现在也消失了。智能手机能告诉我们任何事。学生甚至不用输入文字，只要用声音询问，就能通过语音识别查找。它甚至能教你正确的发音。

我为人和气，看事情总看好的一面。我就职的大学是基督宗教系的，因此时常引用《圣经》。本周的《圣经》金句是《路加福音》第3章第5节。这就来找找看。我的智能手机里装有《旧约》和《新约》全文，可以立即搜索到相关章节。

大家可以试试用英语在智能手机备忘录中进行语音输入，比如word和world。你会非常清楚自己的R和L发音究竟如何（母语者一开口，即刻就能识别）。由此看来，世界确实在稳步前进。

科幻作家讲述的真理

“总得讲真话。因为说了真话，剩下就是对方的问题了。”

无论多么难以启齿，只要勇敢地坦诚相告，从那一刻起，问题就不再是自己的，而在于对方（或所有人）的接受方式。这句话将我们不自觉想要掩盖丑闻的心理表露无遗。令人意外的是，这句话出自迈克尔·克莱顿的文章。众所周知，克莱顿是科幻类畅销书作家。在《天外细菌》中，从太空飞来的神秘生命体完全不含氨基酸的设定，让少年时期的我震撼不已。

科学家利用DNA技术，通过琥珀中封存的远古蚊子所吸食的血液，复活了恐龙。科学家情不自禁地走过去，伸出手想确认恐龙是否有体温。对此情节我欣喜不已。恐龙不是冷血的爬行动物，而是接近温血的鸟类——这是现代生物学揭示的最新成果。克莱顿总是无所不知。

然而，我最喜欢的还是他的自传《旅行》。开篇就引自他在此公开的与挚友肖恩·康纳利的对话。我感觉到，这句话蕴含了经历过所有成功，也因此承受了各种反作用力后的克莱顿的矜持。11月是他逝世8周年纪念。我为此默哀。

不断进化的生命对人类的告诫

在大学课堂上概述生物进化时，我要求学生每次都写一下感想或意见（我们叫它“回应报告”），其中有人说，“因为初高中阶段没有好好学习过生物学，所以感觉很新鲜”。太好了！学习永远不会晚。在美国的保守地区，至今仍有人愤慨于“人类的祖先是猴子”这种说法，反对在公共教育中教授进化论。

我在课堂上是这样讲的：进化论作为一种生命观之所以伟大，并不在于它指出人类是由猴子进化来的，而在于它提出生命始终是动态的这一真理。我们人类绝不是生命的巅峰或完美形态。我们一直都在变化，同时作为一种未完成的生命形态，今后也将继续变化，永远都处于现在进行时。

几百万年后统治地球的生物，无论何种形态，都可能会对他们是从人类进化而来一事感到愤慨。但他们也仍是不完美的生命体，需要祈祷。换言之，进化论与宗教并不矛盾，从领悟谦卑这层意思来讲，理解进化的故事同样非常重要。11月24日是达尔文《物种起源》发行的日子，也就是1859年的今天。

发现的背后是对酵母菌的爱

人类从父母那里各获得一套基因，总共两套。这样一来，即使一方信息受损，另一方也能提供备份，令人安心。然而，用于酿造日本清酒或制作面包的酵母菌，尽管其细胞结构与人类基本相同，却通常只拥有一套基因。因此，遗传信息受损会直接影响生命现象。

这是生物学研究的理想材料，但有一个很大的问题。基因越重要，其损伤所带来的后果就越致命。细菌一旦死亡，研究就无法继续进行了。

然而就在这时，一位智者出现了。他发现，如果基因的受损程度极其轻微，一种罕见的情况就会发生：在正常温度下还能勉强生长的菌体，一旦温度升高就无法承受，这被称为温度敏感突变体。于是在高温下发现异常后，再将它们转至常温下进行研究即可。

就这样，与细胞分裂、分泌现象等生命现象有普遍关联的重要基因接连被发现。本月，在斯德哥尔摩获得诺贝尔奖的大隅良典的自噬研究，也是这一系列研究的一部分。他们持之以恒的爱，源源不断地倾注于显微镜中闪着微弱光芒的这些微小生命体上。

季节再度轮转

我顺路去了一趟我在纽约的研究据点——洛克菲勒大学。这是总统选举后的第一次。也许是心理作用，空气似乎有些凝重。“嗯……虽然在实验室里谈论政治可能不太合适，但您是怎么看待这次选举结果的呢？”我小心翼翼地问道。

实验室主任马奎安教授严肃地回答说：“每天早上醒来，我都很难接受现实。美国仿佛倒退了几十年。”据说结果公布的那天，教授因为太过震惊，甚至匆忙取消了研究室会议。

女管理员是一位乌克兰二代移民。她坚定地说：“我们都要睁大眼睛，监视他的所作所为，然后发声。我们需要参与更多，因为半数以上的人都投了希拉里。”

显然，我所了解的美国与支持特朗普的美国似乎不同。在特朗普当政下，这个国家对基础研究的慷慨支持以及未来的科学发展政策将会如何，完全无法预测。

尽管如此，我更愿意相信美国的平衡感。回稳的力量一定会在急剧的变化中发挥作用。希拉里在败选宣言的最后说：“行善不倦，不失心膂，季节终将再度轮转。我们还有事情要做。”这是基于《圣经》中的言论改编的。

守护生命的玉米饼

我参加了一次必需氨基酸之一色氨酸的研讨会。围绕色氨酸的一段著名趣闻如下所述。

20世纪初，美国南部的低收入劳工中暴发了一种奇病——糙皮病。患者会遭受呕吐、腹泻的折磨，皮肤和口腔内部溃烂，并伴随日益加剧的疲劳感和幻觉，严重时甚至致死。

起初，人们怀疑这是由某种病原体引起的传染病。但是，似乎并没有人传人的迹象。经过长时间的调查研究发现，人体内缺乏维生素B_3（烟酸）是导致糙皮病的罪魁祸首。

劳工以廉价的玉米为食，将它们碾碎食用。玉米中的色氨酸含量极低。而维生素B_3是由色氨酸合成的。

那么，为什么同样以玉米为主食的南美人却不患糙皮病呢？答案在他们的饮食中。他们将玉米粉与灰烬或者蜗牛壳等一起煮制，然后做成玉米饼面团。煮液呈碱性，因而激活了玉米中所含的维生素B_3的前体物质。这种烹饪方法可以追溯到大约公元前1000年的奥尔梅克文化。

文化传递了遗传无法携带的智慧。在漫长的时间中，文化发现、培育并传承了保护人类生命的机制。

AI啊，别小看生命

在大学的研讨班中，我会让学生们研究生命相关议题并做报告。这次的主题是雷·库兹韦尔的预言。库兹韦尔是一位人工智能（AI）专家，他预言：AI已经能够与专业棋手在将棋和围棋上匹敌，且不久后，它的能力将达到与人类生物学总智能相等的水平，并将在2045年超越人类，变得能够独立思考。到那时，社会将会发生根本性变化。他将这一时刻命名为奇点（Singularity）。

不仅如此。如果将人脑中的信息和神经网络完整地上传到AI中，那么意识将会完全移植到AI上，并能够在那里感受和思考。这意味着人类在AI中获得了永生。

我会与学生就此问题进行探讨。大家认为这真的可能吗？反正我对这类话题有些腻了。我认为这种对生命的看法从根本上就是错误的。人类的智能不仅仅是从大数据中选择最优解，或者是按照流程图运行的算法，它更是兼具同时性与发散性，是通过不合理的跳跃和联结来实现的。不要小瞧生命。你们还年轻，希望你们好好活到2045年，亲眼验证库兹韦尔的大预言能否成真。

所谓“消化”其他生物

新年的节令菜和煮年糕要好好咀嚼，这样有助于消化。你是否认为消化只是将食物弄碎，以便营养更易被人体吸收的过程呢？实际上，消化的真正意义在于他处。

食物无论是动物性还是植物性的，本质上都是其他生物的一部分，其中牢固地记录了原主人的遗传信息。遗传信息以蛋白质的氨基酸序列的形式来体现。氨基酸就是字母，而蛋白质则相当于文章。他人的文章突然进入我的身体，信息会发生冲突，引起干扰。这就是过敏反应或排斥反应。

因此，进食者需要先将原主人的文章解构成单独的字母，去掉其含义，然后重新组织这些字母，重构成属于自己身体的文章。这就是活着的表现。所以，消化的本质在于信息的解构。

作为食品的胶原蛋白来自鱼肉或牛肉蛋白，一方面，食用后会被消化成氨基酸，另一方面，体内所需的胶原蛋白可以由任何食材来源的氨基酸合成。因此，认为吃胶原蛋白可以让皮肤变得光滑的人要当心咯，这等于认为吃别人的头发可以让自己的头发变多。

丁酉鸡年，想到恐龙的故事

来谈谈生肖的话题。今年（2007年）是鸡年。大约6550万年前（你很快就会知道为什么突然回到这么久远的过去），一颗比电影《你的名字》中描述的还要巨大的陨石撞击地球。从直径200千米、深20千米的陨石坑中升腾起的尘埃覆盖全球，挡住了阳光，地球气温骤降。作为食物链基础的植物无法进行光合作用，生态系统就此瓦解。

最受打击的是巨大的恐龙。那时，它们占据着海陆空的统治地位，但这颗陨石让它们无法正常行动，纷纷倒下，走向灭绝……

但这种说法其实并不准确。近年来的研究彻底颠覆了恐龙的形象。其实，恐龙身披五彩斑斓的羽毛，能够维持温暖体温、做持续的有氧运动，并且会成群结队地敏捷狩猎。也就是说，恐龙并不是巨大的爬行类动物，反而更接近鸟类。而且恐龙并没有完全灭绝，少数幸存下来的后代，就是现今四处鸣叫、翱翔天空的鸟类。因此，纪念恐龙最适合的就是鸡年。值得思索的还不止于此。有这样一种小型哺乳动物，从天灾造成的漫长黑暗中幸存下来。那就是我们人类的祖先。

纽约人也有好消息

从纽约中央车站大中央总站的地下乘坐郊区电车Metro North。座位在左侧的窗边。旅途的伴侣是从售货亭买来的巧克力羊角包和拿铁。没有发车铃，电车突然开始移动。穿过中城，经过哈莱姆，不久窗外的风景就彻底变了。波涛滚滚的哈德逊河尽收眼底，电车紧贴河岸行驶。

用餐结束，正惬意时，忽然在远处弯曲的河岸上看到了令人浑身不适的建筑：两座灰色筒仓形巨塔。那是什么？工厂吗？不，不是。那正是印第安角核电站。离纽约的人口密集区不足50千米。在如此近的地方居然有核电站！建造多年以来，这个增压水型轻水反应堆已经老化，并且多次发生漏水和火灾等故障与事故。

纽约人大多数都支持希拉里·克林顿。五号大道上高耸的特朗普大厦的主人，往后究竟会说出什么，又将采取怎样的政治行动，大家都战战兢兢。不过也有好消息。纽约州决定在2021年关停核电站。希望今后能转向对自然能源的利用上。只要去做就能做到。

为质数着迷

在东京大井町线的电车上，两个看上去很认真的年轻人在聊天。“你知道吗？31是一个质数，331、3331、33331也都是质数，就这样会一直延续下去呢。”“哇，好厉害啊！”能聊起这种奇怪的对话，不知是考生，还是沿线上东京工业大学的学生？质数是只能被1和其本身整除的孤独数字。质数出现的顺序是数学上永恒的谜团。因此，3连着1的都是质数，是绝不可能发生的规律。我也是一个质数迷，所以清楚。连续七个3是质数，但是接下来的333333331，很遗憾，它可以被17整除。也就是说，规律被打破了。

大数位的质数本身就很有价值。假设有两个200位的质数。将它们相乘的乘积可以通过计算器轻松得出，但如果不知道原始数字，即使使用最快的超级计算机也需要大量时间才能将其分解成两个质数。因此，如果使用只有发送方和接收方知道的质数组合来加密字符串，就可以创建最高难度的机密文档。比特币的挖矿规律也与此类似。

顺便一提，2017是一个质数，不能被除1和2017外的数整除。但是，使用虚数可以很漂亮地进行因式分解，即$2017=(44-9i)(44+9i)$。

那么，今年会有什么好事发生吗？

勺子弯曲背后，是质数的故事?

继续来讲质数。在质数中有一类特殊的数字，名叫“回文质数”。当反转后的数字也是质数时，我们会这样来称呼它。比如13和31，37和73，113和311等。顺带提一下，37是现存的维米尔作品的数量。因对这个数字着迷，我周游世界去朝圣。113是在亚洲发现并列入周期表的第一个元素钚的原子序数，今年这一发现获得了朝日奖。不过这个元素的寿命仅为0.002秒，一下子就消失了。31号是镓。镓除了是蓝色发光二极管的重要原材料，对我们这一代人来说，还有另一个让人难以忘怀的记忆点。

一只看似普通不过的不锈钢勺。此时一个打扮怪异的人出现在电视机里。他用食指和拇指捏住勺柄，慢慢摩擦起来。当然，起初什么都没有发生。但是怎么回事？勺子渐渐开始变弯，最后终于“啪”的一声断成两截。超能力？！还是孩子的我们完全上当了。

其实，勺子可能是由镓制成的。镓是一种看似坚硬的银色金属，乍看上去和不锈钢难以区分。但是，29℃就可以熔化。所以，弯曲勺子的本事不过是在变魔术而已。那时如果拥有更多科学知识就好啦。

明明是呕心沥血制成的药物！

据悉，目前市面上出现了假冒的丙肝治疗药，似乎只偷换了容器里的药物。作恶者肯定从未想过，开发这种药物背后，是多少科学家倾注的心血。

20世纪90年代初期，我在纽约洛克菲勒大学研修。有一次，旁边搬来了一大群人。那是查尔斯·赖斯带领的研究团队。我对他们在做的事情很感兴趣。

当前正存在着一种既非甲型也非乙型的未知丙型肝炎。对此，全球研究者都在拼命探索，但始终抓不到它的踪迹。一家生物技术创业公司终于抓住了敌人的尾巴。他们捡到的不是病毒本身，而是核酸片段。这就像是在稻草仓库里找一根小针一样。赖斯团队以此为线索开始着手研究病毒的繁殖机制。十多年来，他们终于在试管中成功复制了病毒。

人们开始使用这一系统探索药物。挖到宝的是一家小型生物公司的研究者迈克·索非亚。这一丙肝治疗药物成为一种划时代的治疗药物。他说："我是贫穷移民的孩子。虽然我的父母没有学历，但他们教会了我学习和勤奋的重要性。"

引导天才的力量

与奥运会一样，菲尔兹奖颁奖典礼每四年举行一次。它因被誉为数学界的诺贝尔奖而闻名于世。过去，从未有女性获得过这个奖项，但在上一次，也就是2014年，这块无形的天花板终于被打破了。她的名字是玛丽安·米尔札哈尼。她因在黎曼几何学上的新成就而成为表彰对象。具体内容我也解释不清楚，但数学成就在某种程度上类似艺术，作为人类才能的最高表现，即使不理解其意义，也能从中感受到美。

玛丽安出生于1977年，从小就享有天才的声誉，连续两年获得国际数学奥林匹克金牌。

但无论怎样的天才，要真正让其才能绽放，方法只有一个，那就是出现一位让天才知道未知问题所在的杰出引导者。只有曾经的天才才能指出天才应解决的问题。这适用于科学的任何领域。

玛丽安去了哈佛大学留学。在那里，她接受到菲尔兹奖得主、数学家柯蒂斯·麦克马伦的教诲。美国强大的秘密就在于此。最优秀的原石由最优秀的导师打磨，这会成为一种良性循环。玛丽安现在是斯坦福大学的青年教授。特朗普是否知道从伊朗来的玛丽安？这一点我无从知晓。

Chapter 03

2017.2.23

—

2017.9.21

尽管四处碰壁，却是最美好的日子

你知道Postdoc吗？这是Postdoctoral Fellow的缩写，也就是博士后研究员。自然科学领域的研究人员要成为一名成熟的研究者需要很长时间——大学四年，研究生五年，这已经到了20多岁的后半段。终于取得博士学位，但这既不是终点，也不是奖励。它只是一张驾照。

前辈们教过我一个打趣儿的谜语：博士学位又名——“粘在脚底的饭粒”。怎么理解呢？不拿下来不舒服，拿下来也吃不了。没错，驾驶技术仍显稚嫩，修行还要继续，那就到了博士后阶段。受雇于某所大学或研究机构，加入研究执行队伍，也说是雇佣兵。

在那个没有电子邮件和互联网的时代，我写了许多封信，偶然被纽约的一家研究所收留了。以微薄的薪水，像抹布一样被人使唤。可怕的老板总是要求成果，还有语言障碍和文化障碍。尽管住在纽约，但我甚至顾不上去自由女神像前和帝国大厦参观。

那是一段可以一心一意从事自己所爱所选之事的时光。处于疾风中时，不会意识到它有多么珍贵。如今回头看就能明白，那是人生最美好的瞬间。

断绝的生命链

据说，文部省歌曲《春天的小河》，是以过去滋润东京涩谷附近田园的清流为原型创作的。在北斋的《富岳三十六景》中，也有以附近的小河为主题的《隐田水车》一作（隐田指现在的原宿附近）。画中生动描绘了旋转的水车水花飞溅，周围的居民聚集一堂的景象。这条河以如今的新宿御苑和明治神宫的泉水为源，正如歌曲和画作中展现的，那是一个充满生命力的地方。潺潺流水间，有小虾和鱼类群游，甚至还有小龟在嬉戏（北斋版画的角落里）。据说早夏时还有萤火虫飞舞。但现在已经看不到踪影了。由于前一届奥运会的举办，整个东京地区的河川被暗渠化，封在了地下。

看不见的河流似乎正渐渐从我们的记忆中消失，而河流本身也因此与环境断绝了联系。首先，光照不达的水域不能孕育植物性微生物。接着，以它们为食的动物性浮游生物和小贝壳也会消失。然后，以贝壳为食的萤火虫幼虫也无法生存。由此，生命链断裂，生物一个接一个被迫退场。这就是现在的东京。

据说，为迎接下一届奥运会，有望恢复东京水流。我希望在那里寻找到微弱的光芒。

未知生命体所要考验的是——

多颗拥有适合生命生存的水和温度的太阳系外行星被发现。如果那些天体上真的存在生命，它们会是怎样的形态？那里的外星人肯定不会长得像乌贼或章鱼。也许它们还仅仅处于在海洋中漂浮的浮游生物阶段。但是，我们绝不能掉以轻心。

科幻小说家迈克尔·克莱顿的小说中有这样一段：当科学家用显微镜观察一种未知细菌时，细菌聚而又散，变化造型，竟然拼出了“HELLO”这个单词！这意味着，即使对方看起来很原始，也绝不能轻视。

更重要的是，系外行星上的生命体可能经历了与地球完全不同的进化过程。它们甚至可能不具有细胞或DNA。如果是可见光中看不见的东西，或像气体般没有固定形态，即便遇见，我们也可能无法立即识别出对方是生命体。而它们可能还具有智慧。

也就是说，遭遇未知生命，不仅会使我们这些自认为是最具智慧的生物变得谦逊，还可能导致我们需要从根本上重新思考生命的定义。

轻易介入自然

我拜访了在琵琶湖畔设有工作室的摄影师今森光彦先生，并在他的带领下在后山漫步。大多数山坡被人工杉树林覆盖，感觉寒冷又封闭。像我这种因花粉症[1]口罩不离身的人，见此情景，心情也随之变得暗淡起来。因为都是“昆虫少年”出身，话题自然而然转到了自然和昆虫上。“这附近曾经有几处岐阜蝶分布地，但现在正逐渐消失。”今森先生说道。岐阜蝶被称为“春日女神”，如今已经成为日本的稀有物种。原因竟然在于鹿。鹿吃光了岐阜蝶幼虫的食物——甘蓝。

鹿的数量增加的原因有很多，包括狼的灭绝和全球变暖的影响等，但主要原因还是人类的活动。在经济高度成长期，日本大规模砍伐天然林，转而种植以杉树为代表的针叶林。幼树成长期间，阳光充足，地被植物和低矮灌木生长旺盛，种类丰富。这为鹿提供了绝佳的生长环境，使其数量剧增。

然而，一旦杉树林成型，树冠闭合，林下变暗，低矮的植被便无法生长。食物不足的鹿不得不下山到人类居住的地方。换句话说，鹿造成的食害是人类轻率干预自然的结果，动态平衡被打破，这是大自然的报复。

1　日本国民病“花粉症”的最大诱因，正是杉树花粉。

偏见之源——大脑创造的故事

我在美国洛克菲勒大学的老师B. 马奎安教授的门上贴着这样一句标语："阻碍发现的不是无知，而是已知。"我们"以为自己知道"的东西，即偏见，往往会遮蔽我们看到真相的眼睛。

前几天浏览网络新闻时，看到了一个让人忍俊不禁的话题。英国BBC栏目上，韩国问题研究专家R. 凯利副教授（×）在自家书房进行现场直播解说。当他正身着西装，沉稳严肃地讲话时，突然背后的门打开了，两个一无所知的小孩跳着舞闯了进来。这场"直播事故"就这样被全球观众看到了。

然而，事情不止如此。急忙（●）从书房带走孩子们的韩国女性，是副教授的妻子，但许多观众和媒体人一开始就误以为她是家里的保姆，并在网上发表了评论。

盲点确实存在。请你现在闭上右眼，只用左眼盯着文中的 × 标记，然后慢慢靠近纸面。你会发现某一时刻，黑圈突然消失了。那是因为在视网膜中的那个位置缺失了视细胞。我们平时没有意识到视野中的盲点，是因为大脑一直在补充图像。大脑自主创作的故事，正是偏见的根源。

学术自由，其中也有进步

我在日本和美国都有研究据点，经常往返其间。最近我突然想到：我能自主决定研究主题（关于生命的动态平衡）、表明立场（反对机械论生命观）、选择表达方式（论文、著作或像这样的专栏），是因为这种自由得到了保障。

在日本宪法第23条中简明扼要地规定了：保障学术自由。这样简洁直观的写法令人心情舒畅。那么，当我在美国时呢？美国宪法保障学术自由吗？即便答案是肯定的，作为非美国公民的我是否也在美国宪法的保护范畴之内？特朗普当上总统后，我开始更加认真地思考起这个问题来。

经查询后，我发现美国宪法中并没有专门保障学术自由的条款。因为它被认为包含在言论和出版的自由之内。在美国，像我这样的外国人也享有言论和出版自由。这是因为它是人权，不论是否为国民，只要是人，人权就会得到保障。原来如此。

当然，反之亦然。日本宪法也保障非国民的外国人的人权，其中包括学术自由，而明治宪法中没有这样的规定。我们确实在进步。

语言铭刻在大脑中的逻辑

语言的作用是什么？不错，它是沟通的工具。但实际上，它对人类有着更重要的作用。语言也是人类思考问题的工具。正因如此，语言可以创造概念，并在人脑中产生语言固有的神经回路。

在美国的一场会议上，一位英语母语者这样说道："right和privilege有何不同？"从应试英语的角度分析，前者等于权利，后者等于特权，因此人们或许会觉得两者差不多。但与会人员（也是英语母语者）轻松答道，right是人类固有的权利，而privilege是通过个人努力获得的。

哦，原来大家是这样通过语言将现实世界分隔开来的。这一点，也会铭刻在同一语言环境下成长的孩子脑中。例如，当地的孩子会被严格教导，使用手机不是你的固有right，而是privilege。只有在完成家庭作业和预习后，才会被父母给予。

我想起了"逻辑（logic）"这个词的词源是"语言（logos）"。不过，并不是所有事物都需要被区分开来……

闪耀在培养皿中的星星

生物学实验——因为对象是活体——在大多数情况下，结果并不如人意。因此，研究者变得习惯于失望。“啊，果然还是没成功。”

而相反地，也就因此能从微小之处获得喜悦。在分子生物学中，大肠杆菌被用作宿主，需要将剪切的基因片段整合到大肠杆菌中繁殖。因此，必须让大肠杆菌适当生长。将含有大肠杆菌的液体薄涂在培养皿中的琼脂培养基上。大肠杆菌在琼脂培养基上不能自行移动，所以会留在原地。大肠杆菌菌体只有1微米长，因此这个阶段肉眼自然看不见。

如果温度和营养条件良好，大肠杆菌大约每20分钟发生一次细胞分裂。就这样，2倍、4倍、8倍……不断繁殖。将培养皿放入恒温器中过夜，第二天早上将培养皿对着光看，这时候肉眼可以看到繁殖后的大肠杆菌形成的星星点点的菌落。它们就像夜空中的星星一样，若隐若现地闪闪发光。这也是实验顺利进行的证明。这种时候，研究者会感到这仿佛是从天而降的珍贵礼物。“它就像一种恩典”（村上春树）——这是绝不夸张的真实感受。

外星人与深褐色

我在美国时看了一部科幻电影*Arrival*。日本译名是“メッセージ”（消息），计划今年5月上映[2]。突然间，巨大的外星飞船来到地球。国家雇请一名女性语言学家探明其来访的目的。外星人的语言不是表音文字，而接近表意的文字，即比起字母更像汉字。

随着对对方语言的理解，主人公的时间感逐渐被打乱……这是一部讲述语言可以改变对时空的认识这一深远主题的电影。不知是不是有意为之，外星人的形象是既不像乌贼也不像章鱼的多足型生命体，会吐墨写字（笑）。

这让我想起了一件事。你知道深褐色“sepia”一词来源于乌贼的学名吗？乌贼的墨汁一段时间后会褪色变成褐色。这才是真正的sepia（深褐色）。其主要成分是痣的黑色或晒黑时的黑色素，原料是氨基酸，所以吃了也没关系，还很美味。

说回电影。由于无法理解外星人的意图，中国和俄罗斯开始备战，终于读懂外星语言的语言学家试图避免冲突，但时间不够。解决时间问题的方法只有一个……这是一部相当不错的科幻作品。观影结束后突然饿意袭来，有点想吃黑墨鱼汁意面。

2　即2016年上映的电影《降临》。

老太婆和老头子这样的存在

“有人说，文明带来的最大有害物就是老太婆。女性失去了生育能力还活着，是没用的罪过。”这是前东京都知事石原慎太郎曾经的发言。不出所料，这引发了巨大的舆论风波，并发展成女性团体提起的诉讼。尽管法院认定其发言不慎，但并未构成名誉毁损。

猩猩和金毛猿有更年期，部分鲸鱼和虎鲸在停经后也会继续生活。尽管如此，生育期结束后，还有着长达30年的“老年期”（包括雄性）存在的生物确实只有人类。但这绝不是无用或有罪的。我们必须理解，从进化史来看，正因这一特性曾是有利的，所以才被保留了下来。

这一有利性是什么呢？很可能是帮助下一代育儿，以及以另一种形式——与基因遗传形式不同——传递经验和智慧，对于人类生存来说，具有不可缺失的价值。也就是说，与石原先生的发言恰恰相反，老太婆和老头子这样的存在所带来的正是文明。而问题在于，“3·11”[3]日本地震事件以后，这一情况的过度发展如回旋镖般开始威胁我们自身的生存。真正考验智慧的时候到了。

3　3·11日本地震也称东日本大地震，此次地震的矩震级达到9.0级，为历史第五大地震。

鸳鸯夫妻，如果比作人类的话……

假期中的一天。我在公园水边的树荫下发现了一对鸳鸯。雌鸟外表普通，呈茶色。相比之下，雄鸟色泽鲜艳。雄鸟竭力跟随着雌鸟，依偎在它身旁。

如果其他雄性试图靠近，雄鸟就会拼命驱逐它们，如果是猛禽在空中盘旋，雄鸟就会颤动尾羽，假装自己受了伤，好让敌人从雌性那里转移视线。

鸳鸯确实是夫妻和睦的象征，但实际上，这份恩爱也只是持续到雌鸟产卵的露水情缘。雄鸟完全不会帮助孵卵或养育幼鸟。不仅如此，尽管之前如此尽心，雄鸟还是会毫不犹豫地去寻找另一只雌鸟。每到冬季，雄鸟都会换一个伴侣，为下一个春天做准备。雌鸟也是如此。换言之，鸳鸯根本不配称作“鸳鸯夫妻”。

不过，我完全没有将生物学原则——把出轨正当化——泛化到人类社会中的打算。这是危险的思想。人类是第一种从遗传命令中获得自由的生物，因为他们发现，生殖并不是生物物种存活的唯一目的，人类从个体生命的充实感中找到了意义。不是弱肉强食，而是赋予每个生命个体的尊严与平等以价值。这就是人类的文化。

用双筒望远镜欣赏初恋画作

黄金周我出行去纽约，与弗里克收藏馆的初恋画作温柔重逢。这家美术馆的藏品不外借（遵所有者遗嘱），所以不会因想看的作品被借出而白跑一趟。

我想见的是维米尔的作品。很久以前，我在纽约的一家研究所研修时，某一天无意间走进这个地方。这是我生平第一次与真正的维米尔作品面对面。它给我充满焦虑、不安和压力几近崩溃的心灵带来了清澈的宁静和柔光。此刻的美术馆，依旧像昔日般安宁。

当我靠近画作，想用双筒望远镜观察时，一名工作人员快步走来，并告知我“这里禁止拍照”。啊，我的举动可能确实看起来有些可疑。但这不是照相机，而是近焦双筒望远镜。用它观察，50厘米大小的物体也能对焦清晰。它原本是为了观察花虫等自然景物开发的，但用来欣赏艺术品也非常合适，因为它可以帮助我清晰地观察每一处细节。《中断的音乐》中绘制的乐谱音符也几乎可以看清楚。17世纪中叶，维米尔画中的曲子会演奏出怎样的音乐呢？对了，尝试解读出来也不失为一种乐趣。

北斗八星幽幽光

偶尔我会抬头仰望夜空，寻找北斗七星。找到了，就在那儿。如果以第七颗星作为勺柄的顶端，那么第六颗星，就在它前面一点。这颗星被命名为米泽尔。虽然可见，但为何叫作米泽尔（听起来像是日语里“未曾见”的谐音）呢?

实际上，就在米泽尔旁边，还有一颗更小的星星，名叫阿尔科。因此，实际上组成勺子的应该是北斗八星。14世纪的阿拉伯会用这两颗星来测试士兵的视力，看他们是否能够清楚地分辨出这两颗星星。我不知道他们是如何进行测试的。“在这七颗星中，仔细观察可以看到实际由两颗星构成的是哪一颗呢?”大概是这样问的吧。

很遗憾，现在的我已经无法区分米泽尔和阿尔科了。即使聚精会神地观察，也只能看到泪眼蒙眬中的细微光芒。随着年龄的增长，视力确实会衰退。通过调整镜片厚度来对焦的能力减弱（这就是老花眼），对光和颜色的敏感度也在降低（所以会穿错袜子）。这是因为排列在视网膜上作为检测器的视锥细胞性能衰退了。

啊，真是怀念那些能够清晰看到一切东西轮廓的少年时光。但愿随着年龄的增长，至少在对不可见的事物的思索层面，多少增加了一些深度。

平流层抒情被打破

据说朝鲜发射的导弹能够到达2000千米以上的高空，然后急速下降。听到这样的新闻，虽然可能有些不严肃，我们这些科学迷心中不免开始从地表向天空延伸出无形的卷尺。这可以说是一种绘本作家加古里子式的想象力。

海拔8千米，那里有喜马拉雅山山脉，是人类仍可以步行抵达的世界。再往上到达10千米的空域，则是喷气式客机飞行的高度，那里虽然仍存在着可供引擎燃烧的氧气，但空气阻力开始减小。超出那个范围就是平流层。奇怪的是，在平流层，高度越高，气温越高。这是因为臭氧层吸收了紫外线。在平流层会吹过在夏天和冬天风向发生变化的宏大季风。蓝天的尽头就是这样一个富有诗意的世界。

高度50千米处，平流层结束，接着是中间层和热层。将无线电短波传送到远处的电离层也在这附近。宇航员若田光一等人乘坐航天飞机抵达并长期停留的国际空间站（ISS），是围绕位于热层内的高度400千米的轨道运行的。

导弹摧毁的不仅是地面目标。它们强行打破平流层的抒情、异国音乐和宇宙的浪漫，一路横冲直撞。

“不存在”的证明

证明不存在比证明存在更加困难。对于前者，只要四处寻找，最终如果能够发现，就可以证明其存在。

肝炎按照症状可以分为甲型和乙型，各有其致病病毒。然而，在肝炎患者中，存在一种既不属于甲型也不属于乙型的“非甲非乙”型。那么，在这类患者身上，是否存在新型病毒呢？于是，全世界的科学家都开始拼命寻找这种病毒，却毫无结果。就在所有人都快要放弃的时候，一位科学家注意到一件不可思议的事。他在患有肝炎的猴子的血液中发现了与猴子自身基因不同的小片段。这成了发现非甲型非乙型，即丙型肝炎病毒的开端。

下面来聊后一个问题。疯牛病（牛海绵状脑病），由于它可以由动物传染动物，且存在多种流行形式，最初人们怀疑病原体是病毒。但是，即便使用电子显微镜彻底探查，也没有发现病毒的存在。我也曾是寻找病毒队伍中的一员。现在病毒一说已经被完全排除，变性蛋白质（普里昂学说）成为被接受的原因。然而，即使找不到，也不代表能证明它不存在。因为自然界喜欢捉迷藏，我禁不住自言自语。

季节的到来，蝴蝶知道

该差不多了吧？早晨，我向上班途中的灌木丛里投去目光。有一大捧矮树，是橘树。从嫩丫中长出的叶子，闪耀着鲜嫩的绿色。我还保留着昆虫少年的习惯，看到这样的叶尖，会不自觉地迅速扫视一遍。还没有啊。不错，每年这个时候，凤蝶都会来这里产卵。卵是金色的小颗粒。从中孵化出来的幼虫呈深褐色，最开始只有几毫米大小。它会模仿鸟粪的样子来保护自己，还十分贴心地在中间混入了白色的斑点，简直可以以假乱真。接下来经过几次蜕皮，变成绿色的毛虫，而后化蛹，再破茧化作优雅的蝴蝶。没有比这更壮观的变身了。蝴蝶寻找伴侣，然后又回到橘树上产卵。每年夏天，循环往复。

那么，每年暖和起来时，最先在橘树的叶子上产卵的蝴蝶又是从哪里来的呢？这不是“先有鸡还是先有蛋”的问题，而是蝴蝶和卵的问题。幼虫匆忙吃完叶子后，会寻找一个安全的藏身之处变成蛹，并静静地过冬。对于昆虫来说，它们通过敏锐地察觉日夜温差（信息，即环境的变化量），从而知道季节的到来。希望我们也可以不局限于察言观色，而是多去感受风吟。

有房自由vs.无房自由

“与其持续支付相同的成本，不如干脆付贷款，最终拥有自己的房子，这比租房更好。”“才不是呢。人生不可预料，谁知道下一秒会发生什么。不背负巨额债务，想住哪儿就住哪儿才是更好的选择。”有房自由vs.无房自由，似乎是围绕住房问题永远争论不休的主题。当犹豫不决时，不妨向生物学学习。

出场的是蜗牛和蛞蝓[4]。乍看之下，蛞蝓似乎是为了防御才进化出了壳，但事实并非如此。蛞蝓是蜗牛抛弃了它的壳而诞生的（你怎么知道是这样的顺序？问得好。因为至今还存在留有壳痕迹的蛞蝓）。

那么，蜗牛为什么要扔掉壳呢？因为它无法忍受“自住房”的负担。为了制造和维持壳的存在，需要摄取大量的钙和能量。索性脱掉壳，就不用那么辛苦了。轻装上阵，想躲的时候钻到缝隙里，如此一来也能找到新食物。

这样说来，是租房派赢了吗？不。重要的是，此刻蜗牛和蛞蝓正和谐共存。这并不关乎谁更有利或不利。生物多样性的真谛在于，有选择的自由，以及允许不同的生活方式共存。

4　俗名鼻涕虫。

“不记得”才是真正的记忆

“不记得”是怎么一回事呢？我想从生物学角度思考一下。但在此之前我想聊一聊，记忆究竟存在于何处。我们的大脑中是否有一个储存微小文件的文件夹呢？答案是否定的。记忆不是物质。既然如此，这样一来，构成生命的一切物质都处于一种不间断的动态平衡中，记忆出现不久就会消失。

记忆不是物质，它存在于脑细胞与脑细胞之间。电流每次通过由突触连接而成的脑细胞回路，就会“生成”记忆。

昨晚喝醉后，不记得怎么回的家——有时会发生这样的情况。这是由于虽然存在连接前后所发生情形的回路，但中间的线路上，电流未能成功流通。所谓“不记得”，实际上是因为前后都有记忆，所以才能被识别到。没有记忆的事物，正是由记忆的存在而被定义的。缺失是因为周围的边缘存在，才被认为是缺失。

所以“不记得”，不过是坦承自己的一种宿醉状态。即本该有记忆的事，却想不起来了。又或者，这其实只是在掩饰记忆中存在的事情，是为了不撒谎所使用的一种显而易见的托词。如果真的对某事一无所知，简单地说“我没做过”“我没说过”就可以了。

唯有感知生命之美的心灵

对于孩子的成长来说，最重要的是什么？应该不是早早就会背诵乘法口诀或者说英语。以卓越的先见之明对环境问题敲响警钟的生物学家蕾切尔·卡逊曾说，感知比认知更重要。她使用了“sense of wonder”这个词组，或许可以翻译为感受惊奇之心。惊奇于什么呢？惊奇于自然的精妙、细腻和美好。

这里提到的自然，并不需要像亚马孙或非洲那样的大自然。一个小小的自然空间就足够了。附近的公园或水边？不，对于我们这些被混凝土包围、住在有空调的房间里、被数字世界支配的人来说，最易亲近的自然莫过于我们自己的生命。我们呱呱坠地，又终将逝去。得病会躺下，被割伤会流血。这就是自然。我的生命总是与周围的自然直接相连。

感受到心跳与蝉鸣相呼应，呼出的白气在寒冷的空气中消散，泪水融入夕阳的景象，这就是“感受惊奇”。这种感受会一直成为个体的支撑，即使他已长大成人。我喜欢的高野公彦有这样一句诗：“青春是微风穿过叶下，或远处铁轨的闪光。”

虽新潮但违和

我在电车的摇晃中阅读。偶然间抬头，看到一位苗条的女性站在我面前。她无疑是位时尚达人。深灰色服饰、蓝色手提包和闪亮的黑鞋都是昂贵的名牌货。我从她身边穿过，在下一站下车了，但有种说不出的不协调感留在心头。为什么会这样？明明她的搭配如此用心……

几天后，当我看到街道上的楠树枝丫间飞舞的青条凤蝶时，突然明白了那种不协调感的缘由。如果是你（青条凤蝶），绝不会选择那样的配色。

不仅仅是配色问题。比如，一种名叫云纹蛾的飞蛾，它翅膀的美又是怎样的呢？褐色底色上，用饱含墨汁的毛笔晕染优美的纹路，收尾时，在流线型的尖端点上一滴浓重的黑。落笔之巧妙，我想就连筱田桃红[5]也会为之赞叹。

不错，我的审美标准都源自儿时映入眼帘的蝴蝶和天牛的形象，即大自然的设计。任何偏离，都会给我一种不协调感。想笑就笑吧。不过，我生命中所有重要的东西都是从昆虫那里学来的。

5　日本著名抽象派画家，以水墨画见长。其作品被大英博物馆等世界著名博物馆收藏，也装饰于日本皇居等重要场所。

放学后去书库迷宫

在没有网络和谷歌的时代，小学放学后的玩乐地是附近的公立图书馆。某次我发现它后面还有一个书库。在借书柜台获得许可后，我穿过一条狭窄的通道，来到那里。那是一个没有窗户、满是灰尘味的房间，里面整齐排列着书架，昏暗的荧光灯发出微弱的光，一条狭窄的楼梯连接着上下楼层。从此以后，我就常常泡在那里。

没过多久，我就理解了日本的十进分类法。每本书都有一个编号，并按照领域分类。我的最爱是400号段的科学书籍。其中，昆虫学的书籍是486号。这些书在仓库的最深处。当我好不容易找到那里，发现周围完全没有人。虽然有点害怕，但所有的书都可以独享。在那里，我倚着书架聚精会神地翻阅书页，直到闭馆铃响起。甚至连平时很难弄到手的田渊行男的《高山蝶》这类珍稀书籍，都能找得到。

不过回想起来，那时最珍贵的经历莫过于在一排排书架中穿行的过程。书架上的奇妙书脊一个接一个地吸引着我。人名、地名、奇怪的书名。"关东垆坶质土层"是什么？"大佛次郎"是谁？"撒马尔罕"在哪里？迷宫般的书库，名为十进分类法的地图，还有不时让我驻足的路边景观。这一切已经被网络和谷歌彻底漂白了。

外来物种，最麻烦的是……

原产于南美的火蚁在日本各地被发现，引起的骚动宛如外星人来袭，但或许我们应该稍微冷静一些。

我们不知为何对于虫子的话题过于敏感。几年前，代代木公园因可能有携带登革热病毒的蚊子潜伏而被临时封锁。再早些时候，一种叫红背寄居蛛的毒蜘蛛入侵日本的消息连日刷爆了新闻。

蚊子应该还在飞来飞去，但代代木公园已恢复平静；虽然红背寄居蛛在日本的分布还在稳步扩大，但我们似乎早已忘得一干二净。

的确，火蚁有毒刺，但蚂蚁本来就是蜂的一种，被蚂蚁蜇伤在某种程度上是个常见现象。而且除非动手捏它，否则它们不会主动攻击。要说的话，黄蜂比它们要凶猛得多。有一次，我想走近一个黄蜂窝观察，结果立马被警戒蜂迎头攻击。我慌忙逃跑，但耳朵还是被蜇了一下。

从最初的生命在海洋中诞生来看，任何本土物种，原本都是外来物种。对于在这个地球上生活了上亿年的昆虫来说，最麻烦的外来物种是人类。火蚁的迁徙也是人类的错。我们应该学着更加谦逊才对。

制造即破坏

伊势神宫和法隆寺，哪个更富有生命力？在和一位建筑师聊天时，我们进行了这样一场奇特的辩论。开端是，我讲到让生命之所以成为生命的，是不断分解又合成的动态平衡作用。乍一看，每20年重建一次的伊势神宫看似更具优势。然而，法隆寺虽被称为世界上最古老的木结构建筑，但经历漫长岁月，各类部件一直在一点点地不断更新着。这样看来，较之于彻底更换的前者，逐步变化的后者或许更具生命力——这是我的观点。

世间常有人呼吁“彻底重建”，但对于那些还未完全解体便进退维谷的组织而言，到了那个时候已经没救了。为了避免这种情况发生，生命总是在自我解构又重构。也就是说，为了不做（大幅的）改变，而持续进行（小幅的）变化。并且，合成是在将分解计划在内的基础上进行的。

望着城市中鳞次栉比的高楼大厦，我不禁思考：其中是否有预设过会拆除的建筑呢？破坏已然包含在制造之中，这就是生命的存在方式。也许我们也应该重新考虑改变20世纪型范式的必要性了。

蓝色的惊奇感

我总会被蓝色吸引。喜欢维米尔和北斋，也是因为他们作品中美丽的蓝色。维米尔蓝，是用昂贵的蓝色矿物青金石研磨制成的佛青色。而能自然晕染开来的北斋蓝，则是源自珍贵的铁离子化合物——普鲁士蓝。

追溯记忆的线索，我的最初体验指向自然创造的蓝色。我曾见到一种名叫蓝宝石天牛的小甲虫，被它那优美的长触角和璀璨的深蓝色所吸引。“sense of wonder”，正是一种体验世界精妙之处的惊奇感。

说到食物，我们会发现有红色、黄色和绿色，但似乎很少见到蓝色的。哦，你说没这回事？比如大家都在吃的那种苏打味冰棍就是清凉的蓝色。那蓝色从何而来？莫非是人工色素？不不不。答案出人意料，那蓝色也是大自然创造出来的颜色。

诞生于远古地球，至今仍然生存着的微小藻类螺旋藻。从显微镜下看去像线圈。这种藻类在光合作用中使用的色素是藻蓝蛋白，将它提纯后，会发出鲜亮的蓝色。（苏打味冰棍）用的就是这种色素。因为和绿色蔬菜本质上是一样的，所以可以安全食用。原来在这里也隐藏着一份小小的惊奇感。

什么是生命？——西田哲学的定义

生物学家之所以选择科学，原本是因为喜爱微小的生命，他们往往会关注细节，执着于细微处，并倾向深入探究。但实际上，他们本应对更大的问题感兴趣，那就是：如何定义生命。在研究分子生物学的同时，我一直尽力不忘记这个问题，这也许是我在京都学习过的缘故。

几年前，一位哲学家指出："京都学派创始人西田几多郎（1870—1945）对生命的观点，与福冈先生的动态平衡论有相似之处。"从那时起，我开始了对晦涩难懂的西田哲学的解读。

西田哲学既非空洞的纸上谈兵，也非形而上的文字游戏。它是一种极具实践性的、从自然内部出发的对自然的描述。

吸气动作已经包含了呼气，当血液从心脏泵出时，同时被送回心脏。合成与分解，氧化与还原，结合与切断——两种相反的作用互为表里，聚焦于一方时另一方便隐去不见，但它们并未相互对立，而是相互补充。西田称之为绝对矛盾的自我同一，并将其作为对生命的定义。与西田哲学长期交锋之后，我终于能够切身感受到西田先生的存在。

有时凶残的植物

植物无法逃离。阵风吹来，树叶凋零；骤雨袭来，黯然花落；干旱持续，枯萎死亡。它们没有选择，只能被动地活着。但仔细看来，植物其实非常机敏，它们有时狡猾，甚而凶残。

槲依附在其他树木的枝条上生长，榨取养分和水分；空气凤梨巧妙地“搭乘”高大的树木，在其上享受阳光；最极端的例子是绞杀树（如无花果和藤蔓类植物），鸟类携带的种子在宿主树的树冠凹陷处发芽。许多根茎相互缠绕向下生长，覆盖树干，一旦触及地面就迅速粗壮起来。它的枝条向上生长，最终超过宿主树的高度。原来的树被严密包裹，最终如字面之意，被绞杀至死，留下的只有空心的笼状结构。实在可怜。但是绞杀树并不停止生长。它粗壮的根融合在一起，填满空洞，最终变成一棵大树。

如果把这比作人的话，就像是在读松本清张的小说一样。尽管如此，植物从未忘记作为地球上生命先驱的使命感。食物、建材、能源以及氧气，正是由于它们的宽容，作为后来者的我们才得以生存。

通往终点的旅程

暑假的一天，我在长野县蓼科山上游玩。险峻的登山道和远眺山峰时感受到的平缓之美截然不同，让人疲惫不堪。当我终于到达下山口，正在擦汗时，一只蝴蝶从眼前飞过。那是浅黄斑蝶。正如其名，这种蝴蝶以浅葱色斑点点缀在褐色的底色之上，在空中优雅轻盈地翩翩起舞。

它在花朵上停留时，我轻轻地靠近仔细观察，发现它的翅膀上写着个记号，是有人做了标记。这里长大的浅黄斑蝶将在秋天一齐向南“迁徙”。它们的旅程可达2000公里，远至八重山群岛或台湾。离开花朵的蝴蝶，仿佛被一根看不见的线牵引着，轻快地向西飞去。

突然，我想起了蕾切尔·卡逊信中的一段话。那一天，她花了几小时观察同样在迁徙中的帝王蝶。蝴蝶不会再回到她那里。对它们来说，那只是通往终点的旅程。然而，她意识到自己并没有感受到任何悲伤。“当世间万物迎来其生命的终结时，我们会把那最后的时刻作为自然的运行来接受。”1963年夏天，她的癌症已发生骨转移，卡逊将自己与飞舞的帝王蝶的身影重叠在了一起。

自由的生物性别

暑假期间，如果去往南方的大海，一定会有许多孩子被五彩缤纷的鱼群吸引。其中的小丑鱼尤为可爱。它们在海葵之间穿梭游动，也是一部动画电影中的人气角色。电影讲述了一位父亲为了寻找落入渔网的儿子而拼尽全力的故事。但是，如果将小丑鱼在自然环境中的行为如实搬上银幕，电影不仅可能被评为R级[6]，甚至可能无法公开放映。

我并不打算破坏大家（对自然界）的美好幻想，但告知真相也是本专栏的作用之一，所以我特意写下这篇文章。

在小丑鱼的家庭中，如果母亲不在了，父亲会立即性转换成雌性，并与体型最大的儿子交配。

在生物界，性别的存在是混合基因、创造变化的机制。只要能达到这个目的，任何手段都是可行的。

还有一种名为蚜虫的生物。在舒适的季节里，雌性会连续产生自己的克隆体；到了寒冷时期，就会产生瘦弱的雄性作为遗传物质的运送者。

人类容易对自己或他人的性别持刻板印象，但如果广泛观察生物界，就会发现性别是如此变化无常、自由自在。

6　R是restricted的缩写，指对观影年龄有具体限制的电影类别。

在京都看到熊蝉羽化

前几天，我出差到京都。次日一早，我被窗边灌木丛中发出的响亮的沙沙声唤醒，那是熊蝉的合唱。真是久违了。那一刻，我童年时的视觉体验被唤醒了。

当我还是个孩子的时候，在东京并没有见过熊蝉。因此，在关西旅行时，我被第一次见到的这种大型蝉所吸引。它们的背部如甲胄般黑亮，拥有透明的翅膀。

在破晓前，我特地去了京都御所，想要邂逅熊蝉羽化的瞬间。我发现一只褐色幼虫紧紧抓住树皮。不久后，它的背部裂开一道口子，蝉翘着身体挤了出来。我目瞪口呆。成虫如此黑亮，而幼虫却白得像雪。这种白并不是纯粹的白，它的腿和翅膀边缘还带有淡淡的荧光绿，在朝阳即将升起的拂晓中，闪闪发光。不久，那娇嫩的光芒如同淡雪般消失，取而代之的是深色开始扩散。我不知道自己究竟屏息了多久。这个瞬间，我自然地领悟到，观察变化中的事物，目睹其转变，需要让自己彻底静下来。

据说熊蝉正逐渐向东扩展其领地。不久，那聒噪的鸣叫声也将在东京各处响起。仅存的平成之夏即将结束。

术语本土化的功与过

日本遗传学会决定，将遗传定律中的“优性”和“劣性”改称为“显性”和“隐性”。尽管父母遗传给我们的基因在表现中有强有弱，但这绝不是优劣之分。因此，这是将术语的本土化译法做了更准确的修订。原词分别是Dominant和Recessive。

忆往昔，正是因为我国近代初期学者们充分发挥想象力，将学术用语翻译成日文，我们才能用母语学习西方各种各样的知识。这是一个划时代的成就。将Amygdala翻译为杏仁体，让我们知道了它是类似果核形状的大脑的一部分；将Acinar cell译作腺泡细胞，让我们得以想象胰腺像一小串葡萄。

但后来，我出国留学，意识到事情发生了反转。尽管我掌握了丰富的知识，却无法表达出来。拥有奇妙曲线的蛇纹石或发光的绿闪石的英文名是什么？不仅如此，我可能连基础的知识储备都没有，因为我甚至不知道梯形、平行四边形、因式分解或解的公式用英语怎么说。还有支点、着力点、作用点又是什么？我发现自己被迫需要付出很大的努力去做逆向翻译。现在已经是21世纪了，我建议至少从高中起在使用的教科书中附上外语原文，为志在闯荡世界的孩子们打下基础。

多摩川河口，邂逅孕育富饶之地

那是一幅不可思议的景象。面朝大海，左手边是羽田机场，右手边是川崎仓库区，头顶上，一架接一架的飞机来来往往。

最令人惊讶的是，我站立的位置正处于多摩川河口中央，然而水深仅有10厘米。底下是一望无际的细沙地，清澈的水流无声而过。

带我来到这里的是一位当地经营捕蚬生意的渔民。我们乘坐平底船穿过水道，河水中央变成了一片巨大的沙洲。我们穿起长靴，从船上下到浅水中，渔民熟练地使用金属篮淘起沙来。把篮筐在水流中漂洗，便会露出许多大颗粒的蚬子。转眼间桶就装满了。在大都会的这处地方，竟是极佳的捕鱼场所。

其实想来也理所当然。在汽水环境，也就是淡水和海水混合的这片水域，水流变得缓慢，时而发生回流。宽浅的水面溶解了大量氧气，成为众多浮游生物的摇篮，生物链由此诞生，这里就变成了生物的宝库。

两种不同的环境相遇之处会孕育出丰富的生命，生物学上将这一现象称为边缘效应。这种现象也可能发生在不同文化的交界处。我放眼望向蓝天，深吸了一口气。

Chapter 04

2017.9.28

—

2018.5.31

飞机云，孤独的直线

秋天到来了。天空显得格外高远。“秋高”的原因，就像摩周湖水清澈见底一样，是因为透明度高。当气温下降、湿度降低时，大气中含有的水蒸气浓度降低，光线散射变弱，天空的深度就会增加。

在那片清澈的蓝天中，一架飞机笔直前行，留下航迹。细看会发现，那朵白色的飞机云是在与飞机尾部距离不大的位置形成的，然后在后面飘扬。这是因为喷气引擎排出的水蒸气在高空低温环境下冷却到结冰之间有很短的时间差。它就像一艘帆船在广阔的海洋上孤独航行时溅起的浪花。

目光追随那条散发着锐利光辉、呈一条直线延伸的云彩，发现最终它会逐渐变细、扩散开来，轮廓变得模糊，消散在透明的大气中。气体仅在短暂的时间内变成固态，然后重新回到原来的气态。那里只留下残影。用不着引用荒井由实[1]的名曲也知道，飞机云总是蕴含着一种难以名状的伤感。

学生时代，一个年轻的同学早逝。我们当时甚至还不到20岁。尽管我们曾经那么亲近，但谁都不知道他为何烦恼，又为何选择了死亡。留下的只有沉重的沉默。想起他时，我默默地向着天空祈祷。

1　日本知名创作型歌手，婚后更名为松任谷由实。此处指其成名代表作《ひこうき雲（飞机云）》。

雨中等待的人们

“雨一直下个不停。无数的水滴不断地敲打着世间万物。虽然孩子们听天气预报说这场雨不久后会停，但他们对此丝毫不相信。因为，在这片土地上成长起来的他们，并没有关于晴天的记忆。孩子们仰望天空，一心等待着……”这是科幻小说家雷·布雷德伯里的名作《一日夏华》（*All Summer in a Day*）中的一段。

连绵的雨天里，我总会回忆起曾经读过的这篇短篇小说。然后我会想到，如果这场雨永远不停会怎样？如果我们根本没见过晴朗的天空又会怎样？

小说的背景实际上是位于金星的移民部落。雨中的生活是常态。然而，每隔七年，会有短短两小时的晴天。只有从地球转学来的一个女孩见过蓝天、感受过阳光的温暖，但其他孩子不相信她的话。他们不仅不相信，甚至还用残忍的恶作剧欺负她。在金星的天空即将放晴时，她被关进了储物柜里。

持续不断的雨是什么隐喻？在这个世界的许多地方，仍有人在持续的雨中静静等待着那难得的晴天吧。我听着外面的雨声，心中深思道。

最早的《圣经》日译本

最古老的《圣经》日译本《居茨拉夫译约翰福音》，将由日本圣经协会圣经图书馆捐赠给我所在的青山学院大学。这是世界上仅存数本的珍贵书籍。

在德川幕府持续闭关锁国的1830年前后，居住在澳门的德国传教士卡尔·居茨拉夫[2]偶然救助了一个在海上漂流的日本渔民，并在他的帮助下着手翻译《圣经》，后来在新加坡出版。

著名的开篇语“初めに言があった”（太初有道）在居茨拉夫的译本中是这样翻译的：“ハジマリニ カシコイモノゴザル”（起初有智者）。我隔着玻璃看着泛黄的纸张上端正印刷的片假名文字，觉得不可思议。现在被翻译成“言”的地方，为何会是“カシコイモノ”（智者）呢？

宗教学老师告诉我，希腊语原文是“Logos”（罗各斯）。原来最初的词是Logos。Logos是统治世界、赋予人类以逻辑的力量，也是将千变万化永不停歇的自然界做出划分与命名的力量。Logos是人类智慧的源泉。它就是“カシコイモノ”（智者）。这是多么直截了当的翻译啊！我不禁屏住了呼吸。有生之年，居茨拉夫终未能将这本《圣经》送达日本。

2　Karl Friedrich August Gützlaff（1803—1851），中文名郭士立。德国基督教传教士、汉学家。

对霜柱的质朴研究

从北国早早传来了初雪和初霜的消息。虽然如今城市中都铺上了柏油马路，但在我上小学的时候，寒冷的早晨，上学路上还处处可见霜柱。用运动鞋踩上去时，发出的声音就像嚼威化饼一样清脆可人。

人们倾向认为，霜柱是地下的水分冻结后推高地面而形成的，但事实并非如此简单。其实这里隐藏着一个小小的谜团。形成霜柱的冰量，要远远超过原本的土层中所含的水量。那么，水究竟是从哪里来的呢？

读到冰雪研究家中谷宇吉郎的随笔时，我发现了一段有趣的描述。战前，有一群对身边常见的霜柱产生兴趣的孩子。她们是自由学园的女学生们。天寒地冻的夜晚，她们在霜柱上做标记、埋铁皮罐，经过反复实验，终于发现水是通过毛细现象[3]从地下深处吸上来的。中谷高度评价道，“我非常敬佩姑娘们为这项研究而努力的勇气”“天真纯粹的兴趣是可贵的，要想做好科学研究，这份心意最为宝贵”。即便是从朴素的疑问出发的质朴研究，有时也能让专家为之惊叹。科学的萌芽类似于霜柱的生长。

3　毛细现象（又称毛细管作用）是指液体在细管状物体或多孔物体内部时，因液体与物体间附着力，以及液体分子间内聚力所产生的表面张力，使液体在不需施加外力的情况下流向细管状物体或细缝的现象。该现象可以令液体克服地心引力上升。

“你善于观察吗？”

“你善于观察吗？”当贫穷的少年汤米·斯塔宾斯遇见杜立德医生，询问他如何成为像他那样的博物学家时，杜立德医生的宠物鹦鹉波利尼西亚这样反问道。这是儿童文学作品《杜立德医生航海记》中的一段。这句话就这样静静留存在了梦想是成为科学家的我的心底。昨天来到庭院树上的两只白头翁今天再次来访时，你能分辨出谁是谁吗？

凉爽的秋日公园，人迹稀少。我走近中央的古池，凝视水面。浅浅的水底沉着腐叶和带泥的水茎，没有生物的迹象。静静屏息片刻后，余光处有光闪过。我匆忙望过去，意识到可能是麦穗鱼或孔雀鱼。这种背部呈黑色的小鱼，从陆地上很难被注意到，但它们在水中翻身的一瞬间，腹侧的银鳞会闪闪发光。

一旦知道了鱼的栖息深度，我就像“机械战警”一样，调整焦距对准那个水层。于是，之前没有注意到的鱼的身影开始接二连三地显现出来，十分神奇。水面之下，数量惊人的鱼儿正环绕起舞！这让我高兴不已。要了解自然界动态，观察者需要静止——我想起了这个简单的原则。

“蝇专家”的彼岸

生物学世界里，有这样一些奇怪的专家，他们会以自己喜爱的实验生物冠名。今天，让我们聊聊“蝇专家”的故事。这里的蝇，并不是飞落餐桌嗡嗡作响的那种烦人的苍蝇，而是长着红眼睛的可爱小蝇，即果蝇。它们不会落在排泄物上，而是聚集在果实和树液附近，是爱干净的小家伙。它们还喜欢天然酵母酿造的酒。果蝇从卵成长到可以产下下一代，只需10天。生命周期短的生物适合做实验，否则研究者可能会先于它们死去。实验室里，用塞上棉塞的小玻璃瓶饲养它们。在琼脂中加入酵母和糖，一次可以养很多。

记得大学时有一次学生实验要求饲养果蝇。有个家伙（不是我）拿着玻璃瓶去女友的住所，因为那天很冷，就把瓶子放到被炉里保温，结果忘在了那里，果蝇全死光了。

在我担任客座教授的美国洛克菲勒大学里，有位迈克尔·杨也是个果蝇迷。他有种民谣歌手般的松弛感。他仔细观察果蝇，从中选择出昼夜节律紊乱的个体。通过基因组搜索，找出是哪种基因出了问题。这种基因控制着某类蛋白质的增减机制，这种增减的节奏就是生物钟的发生源。恭喜荣获诺贝尔奖！

每个街角的小小秘密

纽约的街道纵横交错，整齐划分成棋盘状。乍看之下，每个街角似乎都差不多，实际上却没有哪两处风景完全相同。研修时期，我在这座城市的一所大学中生活，由于精神和经济上都没有余裕，尽管住在纽约，却从未去过任何一处旅游名胜。

我的一点小乐趣，就是像抽签一样随机漫步在这座城市的角角落落。走着走着，我发现每个街区都有它的小秘密。仔细辨认一座破旧公寓的铭牌，你会发现这里曾是某位著名作家的住所，或是一家颇有故事的禅宗道场。一次，在位于上西区静谧的住宅街道上，我发现了一家奇妙的私人美术馆，但当时并没有勇气推开那扇沉重的大门。

几十年后，再次站在同一个地方，这次我进去了。那是尼古拉斯·罗埃里希美术馆。罗埃里希出生于俄罗斯，以寻求世界和平和乌托邦生活的国际主义者身份，活跃于20世纪上半叶。他曾游历中国西藏，留下了许多雪冠山脉连绵壮丽的奇幻画作。

我们所经历的日常，看似日复一日，却从不相同。正如罗埃里希的画作般，虽然憧憬着远处天际线上的白雪山峰，但终归，我们从未真正到达过那里。

无与伦比的维米尔

维米尔的画作在日本拥有众多粉丝，在世界范围内也极受欢迎。今年（2017年），他的一场大型展览正在巡回展出，巡经法国的巴黎、爱尔兰的都柏林和美国的华盛顿。在现存的37件维米尔画作中，这场展览竟集中了12幅主要作品，是一场划时代的展览。

作为维米尔的超级粉丝，我绝不可能错过这场展览，于是急忙前往美国首都国会大厦旁的国家美术馆。这次展览的主题非常新颖，并不仅仅是把维米尔的作品从世界各地的著名美术馆借来，更是将其与同时代其他作家相似主题的作品一同展出。

比如，《花边女工》旁边是马斯的画作，而《持天平的女人》旁边是彼得·德·霍赫的作品。同样是描绘日常生活中的一幕，却能清晰地看到维米尔如何突出，达到了完全不同的哲学境界。维米尔的天平上什么都没有。淡淡光晕下温柔微笑的女子，正在衡量这个世界的轻重，又或是人类的过去和未来。平庸与天才间的残酷对比下，我重新认识到维米尔的崇高地位，也再次切身体会到，为何他的画作历经时间的考验，直到今日依旧熠熠生辉。

蒙克听到的《呐喊》

挪威画家爱德华·蒙克的名作《呐喊》明年（2018年）将来到日本。这幅画作最近已经变成了表情符号。一眼看去，画中的人物似乎在呐喊，其实不然。这是蒙克本人，他因对血红色的天空和深蓝色峡湾后传来的呐喊声感到恐惧而捂上了耳朵。

虽然有些突兀，我在此处想到生物学（进一步说是医学）是一个充满矛盾的学科。生命现象总是在与环境的互动中不断变化，尽管每一次发生都是唯一的，但实验和数据却总是要求可重复性。每位患者都有特定的症状，需个别对待，但医生却不得不遵循普遍化病例进行标准式治疗。

我曾解剖过数百只实验动物，犯下了罪过。刀片一入腹部，一分为二的那一瞬间，眼前出现的与教科书上色彩分明地标注的器官，或有序流淌的红动脉和蓝静脉完全不同。那是生动地开口大声呼喊的混沌一片。

到了这个年纪，我终于明白了一件事。从那里传来的是一种能够充斥全世界的无声之声。是那种蒙克所听到的令人想要掩耳的、贯穿自然的无尽呼喊。

达·芬奇的动摇与颤抖

那天气温相当低。纽约洛克菲勒中心为迎接圣诞节而搭起了巨大的树架，溜冰场上已经结了冰。而在街道对面的人行道上，排起了等待参观展览的长队。无奈之下，我只好排在了队尾。毕竟，传说发现了列奥纳多·达·芬奇的画作。

《救世主》——世界的救世主手持透明玻璃球，静静伫立着。那柔和的笔触和从内部涌出的光芒确实让人联想到达·芬奇。

但同时，似乎缺少了些什么。是的，那轻微的动摇与颤抖。蒙娜丽莎的微笑仿佛下一刻就要展开、施洗者约翰的手指如同芭蕾舞者的定格姿势、圣母玛利亚在被告知怀孕时的惊恐姿态，以及《最后的晚餐》中人们的举止更是不言而喻。处处包含着的动态，从这幅作品中却感觉不到。

尽管如此，这幅画还是达·芬奇的。相信这比怀疑更能让大家开心，也更能让人浮想联翩。这幅画创作于1500年左右，达·芬奇游历威尼斯期间，旅行目的不明。这幅画的价值高达500亿日元。究竟是谁买下了它？这也将很快揭晓。因为买家一定迫不及待地想要炫耀。

散落在城市角落的记忆

银座耸立的新商业设施“GINZA SIX”，我在六楼的大型书店举办了一场讲座活动，对话者是画家諏访敦先生。他的作品很诡异。女性的裸体上满是血迹，表情中隐隐露出部分骷髅。生命总是伴随着死亡，正因死亡的存在，生命才显得珍贵。虽然话题跳跃，但我的心中却突然被一种奇妙的感慨所占据。

这里曾经是松坂屋百货的所在地。后街是一排规模不大的杂居楼。我和朋友们想到了一个主意，在一栋大楼的一层临时搭建了一处画廊。在那里，我们举办了一场展览，按照年代顺序展出了通过数码解析和最新印刷技术复原的、比真迹更精美的维米尔37幅作品全集。我们还在一楼的门面店，开了一家以中国偏远山村长寿食谱为营销招牌的中餐馆。全国的维米尔粉丝蜂拥而至，排起长队参观这个“伪造”的艺术展。我们暗暗大呼快哉。

随着重建工程的进行，杂居楼群整体消失，连同画廊一起不见了踪影。现在，这里已变身为银座中闪耀的时尚都会宫殿。光常常与影相伴，而影子背后往往散落着五彩斑斓的记忆碎片。自那以后，我又做成过什么呢?

消失的青短，于藏书中寄托未来

青山学院女子短期大学将在明年停止招生。时代的趋势虽然无法阻挡，但仍然有很多人对这所曾经培养出诸如演员山口智子等人才的时尚都市短期大学的消失感到惋惜。我虽在同一校区的四年制大学工作，且短大似乎不易踏入，但仍有一个地方，是身为男性的我也能轻松进入的——短大附属图书馆。这里的藏书实在是棒极了。

一走进那座三角形建筑，瞬间就会失去方向感。走下通往地下书库的狭窄楼梯，只见错落有致的书架连成一片。还有专设的珍贵书籍区，摆放着维克多·雨果等人的古老皮装书籍。这里就像翁贝托·埃科那本《玫瑰的名字》中描述的迷宫图书馆。

我最喜欢的地方是迷宫的最深处，两侧是如墙壁般矗立的三岛由纪夫和宫本百合子全集。狭窄走廊的尽头，是一个没有窗户的洞窟。那里其实是一个秘密花园，一个满是绘本的房间。《春天里》《黎明》《怪兽们所在的地方》……科学绘本也一应俱全，从《生命的历史》原著到过去布兰利的地球科学类书籍，都有收藏。

杂志区也很不错。除了常规杂志，还有《日本营养·食品学会杂志》《妇女之友》等。没错，女子短期大学肩负的是幼儿教育、家政、营养等重要学科的教育任务。我希望能够继续关注此馆作为知识档案储藏地所承载的未来。

昆虫少年的发现

有一天，还是小学生的我捕捉到一只小小的绿色昆虫，但在任何一本图鉴中都找不到它的踪影。我深信自己发现了新物种，便急忙气喘吁吁地把它带到了上野的国立科学博物馆。接待我的前台工作人员非常耐心，她建议我可以让专业的老师来鉴定一下。于是，我被带到了博物馆后院的最深处。会面的老师仔细用放大镜检查过昆虫后告诉我，这是一种很常见的蝽的幼虫。哎呀呀。

虽然发现新物种的梦想破灭了，但在回家的路上，我的心情却异常愉快，因为我有了另一个发现：世上竟然有研究昆虫的“职业”！后来我才得知，那位老师是日本昆虫学界泰斗——黑泽良彦教授。我感觉自己就像是斯塔宾斯少年遇到了杜立德医生一般。

如今，国立科学博物馆的研究楼已经搬到了筑波，并配备了最先进的标本收藏设施。我有幸与昆虫部门的野村周平先生交谈。他继承了黑泽教授的学术衣钵，并且对业余爱好者也非常友好。他自豪地告诉我，今年春天他去到南美的法属圭亚那进行考察，并捕获了昆虫少年们梦寐以求的太阳蝶。

据他说，是当蝴蝶从近50米高的树冠自上而下飞舞时，瞅准时机用一根长竿捕捉到的。捕获这种大型蝴蝶那一刻的兴奋感，想必是难以言喻的。我有些许遗憾，因为我没有能够彻底成为一名像杜立德医生那样的自然主义者。

并非驱赶，而是……

我曾好奇地问她，如何才能驱散浓雾。她是雾之雕刻家中谷芙二子。在她的作品中，细小的喷嘴从地面布置的导水管中高压喷射水雾，随着气温、湿度和风向的不同，雾气的形态也在不断变化，如同一场一次性艺术展。今年（2017年）在挪威奥斯陆的一场现场表演中，田中泯的舞蹈在雾中若隐若现，与坂本龙一奏出的介于自然声响和噪声之间的音乐相结合，令时间和空间产生扭曲感，让人分不清是身处未来世界还是废墟之中（实际上那是一座正在建设中的美术馆的屋顶）。

芙二子是著名科学家、随笔家中谷宇吉郎的女儿。她的父亲研究了水结冰的过程，而她则将水蒸发的过程转化为艺术。记得1970年大阪世博会期间，她用雾覆盖了整个百事馆，那一幕至今仍是一个传说。

令我惊讶的是，针对文章开头的疑问，她的回答竟然是：再稍加一些浓雾就可以了。如此一来，雾粒会相互凝聚，迅速变成水滴落下。

不是用一个强大的力量去驱赶另一个强大的力量，而是通过让其内部力量过剩，使之自行崩解。听到这里，我的心中仿佛云开雾散般豁然开朗。

稍加隐形

自然界喜欢隐藏，而且永远在动。如果我们不停下来，它就不会向我们展露真正的面貌。

我曾是个内向的孩子，没有同龄玩伴，我的朋友几乎都是自然界中的小生命，尤其是昆虫。所以我似乎是在不经意间学会了这一点。

与昆虫亲近有一些小窍门，那就是要凝神、倾听，甚至是锐化其他的感觉，同时，稍微隐藏自己的气息。

例如，蝴蝶会将翅膀竖直闭合停在花朵上。但我想看的是蝴蝶翅膀美丽的内侧。如果靠得太近，那些警觉性高的蝴蝶会立刻飞走。于是我屏住呼吸，静静等待。我发现，蝴蝶在专心吸食花蜜的时候，会缓慢地打开翅膀一两次，像在调整呼吸一样。这时我就有机会短暂地欣赏到那绚丽的翅膀图案和色彩。

枯叶底色上波纹斑斓——平凡无奇的小灰蝶，翅膀背面却鲜艳夺目。还有的是黑色镶边搭配翡翠绿光辉。那种陶醉，或许就是对美的感知吧。转眼间，翅膀再次合上。就这样，我获得了成为热爱自然之人，也就是自然学家的资格。

建筑家受欢迎的理由

画家、音乐家、小说家，尽管职业众多，但能名正言顺地称为“某某家”的职业却寥寥无几。遗憾的是，在日语里，生物学者并不能带上“家”的头衔。“家”听起来很酷，但最重要的是，它备受欢迎。其中，建筑家[4]无疑是最典型的例子。

设计了旧帝国饭店和自由学园的世界著名建筑家弗兰克·劳埃德·赖特，他的一生中充满了与众多女性的戏剧性故事；以新陈代谢建筑理论闻名的黑川纪章，正如大家所知，他的夫人是日本最具代表性的女演员[5]。

有幸遇到隈研吾先生时，我索性开门见山地问他，为何建筑家如此受欢迎？本以为他会像往常那样表示谦虚，说哪有哪有，没想到他出人意料地半认同我的观点，并这样对我说：因为我们总是在说服别人。

确实如此。建筑家在设计上看似自由发挥，但首先要说服那些想法天马行空、诉求难以落实的发起人，让他们满意；一面还要应对施工方或施工现场的

---

4 “建筑家”是日语里对建筑学家或建筑师的称呼。

5 即若尾文子。曾在沟口健二导演的电影《祇园歌女》等传世作品中出演女主，被誉为成就战后日本电影黄金时代的女演员之一。

抱怨和需求，或是处理周围居民的投诉。如果是参赛，还得说服评委和赞助商。总之，建筑家几乎在所有情况下都不得不说服别人以让事情有所进展。

因此，说服异性或许对他们来说易如反掌。原来如此。我立马就被说服了呢。

镜头下的卡斯提拉科学

寒冷的夜里，泡上一杯热茶，品尝味道浓郁的卡斯提拉蛋糕。卡斯提拉的横切面是十分规整的长方形，上层的深褐色烤痕，香味四溢。如果这部分粘在纸上，无法剥落，我会难过不已。

这深褐色正是饮食文化的成果。食材中的氨基酸和糖分在受热时，会生成美味的深褐色高分子成分。这一过程叫作美拉德反应，被广泛应用于糕点、炖菜、炒菜、味噌发酵、咖啡烘焙等场景中。

可能不仅仅是饮食文化。

17世纪的画家维米尔，为了在二维画布上准确地捕捉三维空间，据说使用了一个带有透镜的暗箱——相机暗盒。他肯定希望能用某种方式让磨砂玻璃上呈现的图像永久固定下来。当然，那时现代摄影技术尚未出现。然而，光的强弱其实和加热同理，是能量的强弱。如何固定它呢？他可能在纸上薄薄地涂了一层蛋清和糖浆混合液。

17世纪，科学与艺术是极其接近的。维米尔可能是摄影技术被发明前的摄影师。一边享用着卡斯提拉，我陷入了这样的幻想之中。

突然出现的敌人

敌人确实潜伏在那里，但怎么也看不见它的身影。在生物学研究的现场也存在这样的谜团。

极微小的病原体——病毒，由规整的蛋白质外壳包裹，所以在电子显微镜下看起来是正多面体或积木状，如果能结晶，就可以更准确地分析其结构。

然而，丙型肝炎病毒却不同。即使通过电子显微镜观察高浓度的病毒溶液，还是什么都看不见，溶液也无法结晶化。毫无疑问存在，却捕捉不到实体——这种状况持续了许多年。

“转机来自一次意外。”美国洛克菲勒大学的电子显微镜部门主任瓜生邦弘博士告诉我。电子显微镜需要在真空中进行观察，因此需事先去除水分。当摒弃这一常识时，敌人突然现身了。

这种病毒借用了宿主细胞膜来为自己披上外衣。借来的衣服着装不整，不均一的粒子无法结晶化。而且，细胞膜大部分由脂质构成，用酒精脱水是常规操作，但这样也会导致脱脂，细胞膜因此变得透明。

尽可能悄悄地快速观察。他们屏住了呼吸。电子显微镜视野中满是一片粗糙的病毒，让人联想到荒凉的月球表面上冰冷的岩石。

把勒古恩的绘本推荐给那个人

美国科幻作家厄休拉·勒古恩去世了。我第一次接触的她的作品是岩波书店出版的《地海传奇》，该书是清水真砂子的译作代表。我听说河合隼雄非常推崇这部作品，于是买来一读。书中描述了一个人从诞生到成长，再到衰老的一生。但是他告诫说，读的时候不要陷入强行带入模式。

我被这个充满视觉美的宏大故事所吸引。我喜欢的一个场景是主人公随风航行在大海之上。每个人的一生中都有这样一个喜欢此类故事的时期。从那以后，我开始追溯阅读勒古恩过去的作品。

许多年后，当我在美国参加学术会议时，在波士顿一家小书店的角落里发现了一本薄薄的绘本。这是关于一群出生在城市巷弄里的流浪猫兄弟的故事。不可思议的是，它们长着羽毛。小猫们开始了一段旅程，以此测试自己的运气。看到作者名处，发现竟然是厄休拉·勒古恩。那位创作了复杂的双性物语《黑暗的左手》的作者，居然创作过这样可爱的作品。我想到一个既喜欢猫，又是勒古恩粉丝的人……

爱管闲事的我通过一位认识的编辑写了封介绍信。村上春树翻译《会飞的猫》就是在那之后不久的事情。

生命的摇篮

浏览报纸时，一则关于流冰正抵达稚内海岸的新闻吸引了我的注意。据说，还有大量冰鲜沙丁鱼被冲上岸。这条来自寒冷季节的消息让人感觉仿佛呼吸都要凝结了。我转动着桌面上的小地球仪，用手指在地图上探寻宗谷岬的纬度。它比欧洲的伦敦或巴黎还要偏南；在北美，连西雅图都位于其北方。为何海水会结冰呢?

这与被大陆和千岛群岛环绕的鄂霍次克海特殊的地理条件有关。从大陆注入海洋的阿穆尔河，河流的淡水使得海水被局部稀释，这些水被西伯利亚寒流冷却后冻结。冰块随着从库页岛东侧向南的海流漂流，最终抵达北海道。

但是流冰并不仅仅是冰块那么简单。它的底面附着着被称为冰藻的微小藻类。它们自我固定，任由身边一切穿梭而过。冰藻在冰盖下获得营养盐并大量繁殖。藻类向海洋释放氧气的同时，成为动物性浮游生物的食物，进而滋养了包括海蚤在内的水生生物，包括虾、蟹、扇贝，以及鲑鱼、鳟鱼、鳕鱼、鲱鱼等鱼类。

似乎将时间封锁了起来的流冰，实际上是一个支撑着庞大生态系统的生命摇篮。

拓扑学感知力在起作用

和历史学家矶田道史聊天时，他提到了一个禅宗问题：如何用葫芦捕鲶鱼。明明鲶鱼根本无法从狭窄的葫芦口钻进去……但这毕竟是禅宗问答。矶田的回答是：只需将自己的心放入葫芦中即可。那么，葫芦皮就会立刻变成一个包裹鲶鱼的袋子。通过这种逆向思考，即便是富士山也可以装进葫芦里。不过得把葫芦皮翻过来才行。

可以说，这就是一种卓越的拓扑学思维。拓扑学，学术上解释为位相几何学，简单来说就是空间把握能力。生物学可能不太需要复杂的数学，但拓扑学感觉在某些时候是至关重要的。

比如，酵母是被细胞膜包裹着的单细胞生物。在显微镜下仔细观察，会看到细胞内还有一个被膜包围的小空间。一开始，生物学家们百思不得其解。但他们很快发现，不需要的物质和废物会被丢弃到这个空间里。这其实等同于把垃圾扔到了细胞外。如果把心放在细胞内，膜的另一侧就成了“外部”。为了避免在打开细胞膜将垃圾直接扔出去时外部异物的渗入，这种方式更加安全简便。也就是说，内部的内部即外部。能够轻松理解这一点的，就是拥有敏锐的拓扑学感知力的人。

网络地图访古

我是个地图爱好者，喜欢查看地图和路线图。近来，得益于换乘软件，任何人都能顺利到达目的地，不再迷路。但我觉得，俯瞰全局，或是在路途中稍作停留、东张西望也是很重要的，因为这样会有意想不到的发现。这一点在查阅字典或买书时同样适用。

作为一个地图爱好者，我对网络地图也心怀感激。因为哪怕纸质地图册上没有记录的偏僻地方，也能一跃而至，并且可以无限放大。不久前的一次学习间歇，我想知道平昌位于何处。随着光标的移动，我跨越了北纬38度线，越过俄罗斯边境，甚至跨过白令海峡，不知不觉间重温了一万多年前我们的祖先蒙古人种的旅程。

加拿大北部是一片荒凉大地，布满了冰川遗留下的无数湖泊。在其中，我发现了一个圆如眼珠的湖泊，中间漂浮着一座岛屿——勒内-勒瓦瑟岛。这种地方不应该有破火山口才对。太奇怪了。一查才知，这竟是远古天体撞击造成的地形。一块巨大的陨石坠落形成一个大坑。一度沉降的大地在反作用力下上升变成岛屿，周围则积水成湖。于时空中自由穿梭——这种旅途中的小乐趣，是换乘软件无法告诉我们的。

草莓品种，公正的较量

平昌冬奥会上，日本女子冰壶队在比赛间隙的“咀嚼时刻”吃草莓，让草莓大受关注。日本队在紧张的比赛中表现出色，赢得奖牌。而草莓的世界里也存在激烈的竞争。

日本的两大草莓产地是栃木县和福冈县。他们通过改良品种进行激烈的竞争。20世纪80年代，福冈县开发出大颗粒甜草莓“丰香”，博得人气。栃木县推出“女峰”与其对抗，这种草莓酸甜平衡，外形美观，常用于蛋糕装饰。随后，栃木县又推出了集“丰香”和“女峰”优点于一身的“越光”。福冈县不甘示弱，推出了更大更红的“甘王”。

当我看到冰壶比赛中从上方拍摄到的同心圆时，联想到了呈现草莓味道要素的图表。草莓不仅含有甜味和酸味，还有苦味和涩味。这些味道相互补充，共同形成草莓清爽的风味。这种完美的平衡背后是无数次艰辛的试错作业。换句话说，品种是一种知识产权。

许多韩国草莓是基于日本流出的优良品种私自栽培的。希望他们在知识产权方面，也能尊重冰壶精神中的公平竞争关系。

亦强亦弱的水

我看了奥斯卡最佳影片《水形物语》。故事发生在1962年冷战时期的美国。社会弱势群体联合起来，尝试对抗无情的权力（奇幻剧情片）。主角的目光追随公交车窗外雨滴的那一幕，给人留下了深刻的印象。水滴互相追逐滚动，最终融合成一颗闪亮的大水珠。这或许也是片名的由来。水族箱、雨水、湿漉漉的地板、浴缸……水被象征性地描绘了出来。

H_2O这极小的粒子内包含了相反的两种力量，正（+）与负（-）。这些力量使得分子紧密相连，即使是满满一杯水也不会溢出，水还可以从水杉的根部上升到高达100米的树冠。正物质会被负物质包围，反之亦然。一切都会溶解于内部。水是支撑生命、传递生命的原动力。

水分子结合起来可以发挥强大的力量，但也容易被破坏。我还记得以前理科老师教过我们，只需在凸起的水面滴一滴酒精，表面张力就会轻易被破坏。电影的最后一幕，弱者之间的联系是失败了，还是会像水那般再次聚合？如果回顾自1962年以来我们所生活的这个时代，答案就会清晰。水虽被一时搅乱，但仍会按其本质行事。

为何会突然思春

在开球式上，受邀而来的女明星引得中学生球员蜂拥而至，场面一度大乱。先不论现场管理的对错，问题在于，为什么青春期的少年们会突然间变得如此兴致勃勃？包括与人类相近的灵长类动物在内，生物一般会缓慢地，而且较早地性成熟，不会经历人类青春期那样的戏剧性的身心变化。这个疑问可以换种方式表达：为什么只有人类会拥有如此长的童年期？

这是因为在被性蒙蔽双眼之前，有些东西需要学习。成年人的生活很艰难。他们需要谋生、寻找伴侣、警惕敌人、保护领地。与此相对，孩子们被允许的是什么呢？那就是玩耍，是游戏而非战斗，友好而非攻击，探险而非防御，好奇胜于警惕，幻想多于现实。这是属于孩子的特权。

尽管成熟得晚，但他们在玩耍中学习、尝试和发现。这锻炼了他们的大脑，培养了智慧。这就是人类成为人类的方式。以上是我的假设。

儿童文学家石井桃子说过："孩子们啊，请好好享受你们的童年。当你长大成人、逐渐衰老时，支撑你的将是童年时期的你自己。"

防止篡改，内在标准才是正途

有人提出了使用哈希函数来防止公文被篡改的想法。哈希函数，如字面之意，就是像将土豆或肉“切碎”（hash）一样，将文档转换成一串数字列，并通过一系列计算，将这些数字列转换成一个字符数字串（哈希值）。即使是很长的文档，也会被转换成类似96cd7e12ab547……的形式。如果原文档中的任何一个字或标点发生变化，哈希值也会即刻改变。这一技术最初是为数据管理和加密而设计的。

现在流行的虚拟货币也是通过哈希函数将过去的所有交易转换成一串字符数字（区块链），这使得所有人都能共享它，从而保证了所有权转移的可靠性，而不会陷入炼金术的幻想。

在科学界，篡改的诱惑和动机比比皆是。近来论文捏造事件频发，有出人头地、争取预算、顺从教授意愿等原因。他们甚至可能会想要把不利的数据归咎于实验动物感冒了。但是，通过加强监管并不能防止被篡改。不背叛自己的工作，这个简单的标准才是专业人士的宗旨。

以为空无一物的地方

伊萨姆·诺古奇创作有一系列名为《虚空》的雕塑。这些雕塑作品的形状类似竖立的巨大甜甜圈，中间有一个空洞。“虚空”指的就是这个中空部分，即真正的“无”。也许这正表明，甜甜圈的实际意义在于它的空洞。这可以被重新解释为图形与背景的问题。有一种视觉错觉艺术，看似一个白色的瓶子，实际上是两个面对面的人侧脸之间的空间。原本的瓶子图形变成了面孔的背景，成为“虚空”。反之亦然。

那么，人体内最大的器官是什么？大脑？肝脏？消化道？这取决于如何定义“器官”，如果将其定义为具有特定单一功能的细胞集合体，那么占体重约16%的皮肤将是最大的器官。然而最近，美国的一位学者提出了一个新的理论，即（最大的器官是）身体器官之间的“间质”。这曾被认为是空无一物的空隙（虚空），但是，使用高性能的内窥显微镜检查发现，这里实际上是一个充满了独特组织、液体和细胞的生命活动场所。因此，间质也可以被称为一个具有特定功能的“器官”，可能是占体重20%的最大器官。

归根结底，这是一个关于人类对图形与背景的认知问题。从空中传来了伊萨姆·诺古奇得意的笑声。

你想活出怎样的人生

战前长销书《你想活出怎样的人生》(吉野源三郎)被改编成漫画后大受欢迎。这让我感到奇怪。我生于昭和30年代中期[6],正是在战后民主主义时代成长起来的那代人。这本书是学校推荐的必读书。但是,书中营造的某种教条式氛围总让我不舒服。当时还无法说清楚,但现在我明白了。

书中主人公小哥白尼在东京山手长大。他站在银座百货店的顶楼俯瞰城市,看着来来往往的人群像水分子一样流动。随后,他思索起奶粉是如何从海外生产最终进入自己口中的,意识到其中包含了各种人的各种活动,他的思考开始追溯历史。

岩波文库版的附录中,吉野的挚友、进步文化人代表丸山真男写了一篇迎合意味十足的解说。他说这是一本真正的马克思《资本论》的入门书,作者考虑到时代背景,没有直接触及这一点,而是小心翼翼地描绘了一个少年自发地将目光投向世界的过程。这就是我感受到那种不适氛围的真正原因。漫画版则淡化了这一主旋律,而将少年们的争吵与和解作为主画面。这样,旧制高中式的启蒙书就变成了漂白了教育意味的纯粹道德书。我们本应继承的那股战后的生机去哪里了?

6　日本昭和时代,是从1926年到1989年。

观察刚切好的荞麦面的科学家

大自然有时会在某一瞬间，让我们看到它的真实“裸体”。在遗传因子和DNA完全不为人知的时代，人们设想，从父母到子女遗传的特征，如瞳色或毛发的分布，是由微小的“颗粒”传递的。

实验材料是果蝇，因为它们易于大量饲养和交配。研究发现，传递信息的颗粒位于细胞内的染色体上。同一染色体上的颗粒会联动遗传。如果染色体断裂或缺失，遗传性状会发生变化。但是，染色体太细小，即使在显微镜下也看不见颗粒。

有一次，一位科学家在检查果蝇幼虫下颚下方的唾液腺时有了惊人的发现：细胞不会分裂，只有几条染色体被复制，它们排列整齐，就像刚切好的手打荞麦面一样。染色体上深深浅浅的痕迹，像条形码一样清晰可见。他的直觉是，深色条纹正是那些“颗粒”。

DNA条形码的切断或缺失会直接改变果蝇的眼睛颜色或翅膀特征，并且这种改变会被传递下去。原本想象中的颗粒被作为物理实体观察到，并因此绘制出了遗传地图。范式转移就此发生。有时自然会在某个瞬间显露真身。然而，只有那些准备好的科学家才能明白，这是从天而降的礼物。

须贺敦子，不断被阅读的秘密

我有机会和大竹昭子谈论作家须贺敦子。作为意大利文学的研究者和小说家，须贺敦子去世多年后，至今仍有大批忠实读者（包括我自己）。她的作品中多用平假名，文风温雅，文体端正。然而，我们之所以对她的作品如此着迷，并不仅仅因为其文笔之美。那么，秘密到底在哪里呢？

她的故事往往以“我”回想在意大利的生活开始。天空的颜色，地毯的图案，朋友疲惫地睡着的样子。乍一看，似乎是在叙述自己的亲身经历和记忆，好像它们就发生在昨天一样，但实际上并非如此。她的处女作《米兰：雾的风景》是在她60多岁时发表的。从她丧夫回国之后，已经过去了20年。

随着阅读的深入，不知不觉中，“我”消失了，作品的描写手法宛如电影拍摄般，光与影的细节被呈现出来。换句话说，她的作品并不是自传，而全都是小说。那么，是什么让这些文字成为小说的呢？简而言之，就是看似“我”的故事，最终变成了“你”的故事。这里的“你”指的是读者。在阅读时，我发现自己无意中开始从故事中寻找自我，并受到鼓舞。须贺敦子的秘密就在这里。她在回国后的20年间，悄然打磨出这种转变。大竹女士与我的意见完全一致。

《星球大战》中的力量源泉

5月4日被称为“星球大战日”，因为5月（May）4日（fourth）发音类似“May the Force be with you”（愿原力与你同在）这一经典台词。换个话题，对于那些想要学习（或重新学习）科学的人来说，我有一个建议：不妨学习一下科学史，而非科学本身。

如果用居高临下的教科书姿态告诉你，线粒体是细胞内的一种小器官，通过氧化反应来产生能量时，这样的说法就会劝退你。不如来探索一下线粒体这个名字的由来吧。100多年前，科学家使用显微镜观察细胞时，发现了一些类似线头的影子。起初他们以为是混入了脏东西，但后来发现这些影子散布在所有细胞中。因此，他们将表示线的“mito”和表示微粒的“chondrion”相结合，来给这种结构命名。当用显微镜观察时，细胞被切得很薄，所以看起来像线头；实际上，线粒体结构和折叠了的宽面条类似，这是在狭小的细胞内增加表面积的一种巧妙设计。进一步的研究显示，“宽面条”表面密布着氧化酶，从而揭示了线粒体是细胞内呼吸作用的场所。这就是科学史。

顺带一提，在《星球大战》中，原力的源泉是一种被称为Midi-chlorian（纤原体）的微粒子，这个词明显是以线粒体为灵感的。希望他们能更有创意一些。

对白蚁也要心怀敬意

一位音乐家朋友给我发了一封邮件，说在地下录音室地板上发现了许多小翅膀。他觉得奇怪，一查原来竟是白蚁的。他吓了一跳，随即叫来了灭虫公司。灭虫公司的人告诉他，白蚁并不是蚂蚁，而是属于蟑螂家族，这更让他毛骨悚然。不过他转而问道：如果是虫类爱好者福冈你，是不是这种情况下还是会笑眯眯的呀？

是啊，又到了白蚁蠢蠢欲动的季节。带翅的雌雄个体会一齐飞离蚁巢。轻盈地落在地面上后，它们会毫不吝惜地舍弃翅膀，成对移动，开始建造新巢。

白蚁作为地球上的原住民已经存在了超过1亿5000万年。他们之所以能够长期生存，原因在于它们的食物。白蚁能够将其他生物无法消化的木材转化为营养。白蚁的消化道内共生着一种名叫原虫的生物。更为令人惊讶的是，这些原虫之上还附着着更小的微生物。如此，白蚁通过协作将咀嚼后吞下的木质纤维转化成营养物质。

因此，白蚁和蟑螂一样，在自然界中扮演着重要的分解者角色，对生态系统至关重要。尽管人类后来擅自建楼盖房，但对白蚁来说，这些无非是密林的一部分。小虫对你造成困扰，我自然笑不出来。不过对这一寸小虫，我们也应该心怀五分敬意。

加古先生画作的背后

绘本作家加古里子先生去世了。我有幸曾与加古先生合作给孩子们编制科学书（如《小小的科学》），并多次拜访他的工作室，与他长谈。

加古先生的绘本之所以出色，是因为他能准确把握儿童的好奇心。孩子一旦对某件事产生兴趣，就会想认识到从起点到终点的一切。在《河流》一书中，正如字面之意所示，他追踪了从源头到河口的全程。追踪过程准确无误、公正无私。翻页时，河流的位置和宽度的连续性都经过了精心设计。

在《宇宙》中，尺度从无穷小变化到无穷大。加古先生的作品和20世纪70年代伊姆斯夫妇的短片*Powers of Ten*（《十的次方》）有点相似，后者是将摄像机以10倍的速率放大和缩小。当我提到这一点时，加古先生自豪地回答说："不，我的作品达到了比原子还小的中微子级别。"

同时，他也深知想要做个好孩子的心，十分容易受到环境的影响。对于这种危险性，他有着充分的自我警戒。加古先生细腻温柔的画作背后，总是流露出寂寞而悲伤的光和风，这是因为其中有他童年时的原始风景。

萨特所呼吁的

如今恐怕很少有学生会亲近萨特，但我最近读了他的一本新出版的日记（《逃亡与被俘的萨特》）。

1905年出生的萨特在1939年应征入伍，作为士兵被派往靠近国境的前线，以防德国入侵。那是一条奇怪的战线，日复一日，并没有军事冲突发生，但德军却从另一条路线迅速占领巴黎。萨特不幸成为战俘，被送往德国特里尔的一个战俘营。他将自己幸免于死的处境描述为“与原生动物相仿”，意味着像无限分裂的微生物一样，虽不至消失，但也无法作为一个个体生存。

德国士兵表面上表现得很绅士，然而法国人则以沉默回应。战俘营的一次活动中，萨特撰写了圣诞剧剧本，并亲自扮演东方博士的角色。

这部剧看似圣诞节派对节目，但实际上表达了在没有死亡也没有生命的深渊中，无论有无信仰之人，都在暗中呼吁以个体重生为目标的抵抗。

战后，萨特向大家倡导知识分子的社会参与（参与主义）。在当今日本，由哲学或文学理念引领时代的情况已经很长时间没有见过了，但我觉得应该再一次向历史学习。

Chapter 05

2018.6.7

—

2018.12.27

想要不断探寻“如何做”

关于这个世界的构成方式，存在“为什么”（why）和“如何做”（how）两种疑问。我最近有机会与电影导演是枝裕和先生交谈（在戛纳电影节前）。一个电影导演与一个生物学家间会有哪些共同话题呢？我们谈到了这样的话题。

“为什么”的问题是伟大且深邃的。我们为什么存在，地球为什么变成了一个富有生息的星球，为什么要组建家庭——包括科学和艺术在内的人类表现活动，最终都是在寻求对“为什么”这一问题的答案。但这里存在一个陷阱。尝试回答伟大的问题，答案不可避免地会变成宏大的词句。而宏大的词句缺乏分辨率。比如，“世界是由某种伟大的存在创造的”。这几乎等同于没有提供任何解释。

因此，作为表达者或科学家，我们首先需要自省的是，在面对“为什么”的诱惑时要有所自制，然后专注于用高分辨率的词句（或表达）仔细解决小的“如何做”的问题。因为，如果不逐一回答每一个“如何”，我们永远也无法得到“为什么”的答案。夏季的雷阵雨、看不见的焰火声、荒废的海滩、唬人的魔术，是枝电影之所以充满了各种看似与故事无关的“如何”，正是源于此。

鼹鼠团结一致？让人心生畏惧

大家知道生物学家如何研究深藏地下的鼹鼠生态吗？有一种细致入微的观察方法。这需要一种颠倒思维。鼹鼠几乎感觉不到光线，它们更多是通过身体感知来察觉自己的位置。因此，鼹鼠的隧道并不一定要在土里。可以将金属网卷成长管，纵横连接成随机立体的网络。途中设置一些小空间，边缘设置放有落叶和食物的仓库。将整个结构悬挂于天花板下方，然后放入鼹鼠。鼹鼠会在管道中奔跑，很快就能理解其中的地理方位，并勤劳地将落叶运到小空间中，打造一个舒适的巢穴（参见今泉吉晴《空中鼹鼠出现》等）。

过去，我尝试过捕捉鼹鼠。挖开草坪上鼹鼠的土堆，就会看见鼹鼠的隧道。我又挖了一个深坑，把桶完全埋入其中，这样会中断隧道，鼹鼠经过时就会掉进陷阱。第二天早上，我惊讶地发现桶里全是土，却没有鼹鼠的踪影。但桶上有许多爪印。是掉进去的鼹鼠叫来同伴，大家团结一心将其救出了吗？似乎只能这么解释了。鼹鼠真是了不起的生物！

夜生夙消之物

昨晚睡觉前，突然想到了一个绝妙的主意。一夜之后，到了早晨再想一遍，发现它不过是个无趣的、微不足道的念头。这种情况经常发生。就像是在节日夜市上陈列的面具、糖果或发光戒指，当时看起来如此迷人，但到了第二天，它们的光彩已经完全黯淡下去了。

发光戒指很快就失去了光芒，并不仅仅是因为多变的少年内心兴奋感的起伏，实际上是因为化学反应的衰减。从科学家的角度看，发明它的人可以说颇具智慧。塑料管内封有一层薄薄的玻璃安瓿，安瓿内是溶液A（激发剂），而安瓿与塑料管之间是溶液B（荧光剂）。弯曲管子，玻璃就会破裂，使溶液A与溶液B混合，引发荧光反应。

话说回来，最近我的记忆力好像也在衰减，睡前虽然记得自己想到了一个绝妙的主意，但到了早晨就忘记了那是什么。真让人无奈。据说有政治家将“早晨为希望而起，白天勤奋工作，夜晚感恩人眠”作为座右铭，这也太过健康了。我更喜欢的是这样一个谜语：“夜里诞生，早晨消逝的是什么？”答案也是希望。

追溯“某某发祥地”

梅雨季节晴朗的傍晚，工作提前结束后我在筑地闲逛。从朝日新闻社总部经过场外市场，游走在筑地本愿寺旁的小巷中。街道旁柳树下的微风令人心旷神怡。来了我才意识到，这附近满是“某某发祥地”，这让我很是惊讶。我找到了立教学院、明治学院、女子学院，以及我所在的青山学院的“纪念之地”碑。

特别引起我兴趣的是位于圣路加国际医院前的一座纪念碑，“指纹研究发祥地”。碑文记载，这里是1874年（明治七年）从英国来日的医生亨利·福尔茨的住所遗址。他在开办筑地医院从事诊疗工作的同时，对在大森贝冢出土的陶器上留下的古人指纹印象深刻，便着手进行指纹研究。

我找到了福尔茨在1880年投寄学术杂志《自然》的那篇论文，读了一遍。虽然只是篇一页不到的信件，没有图表，但他已经指出了指纹在犯罪侦查中应用的可能性。指纹是由皮肤汗腺细胞形成的凸线。虽然细胞的发育经过了遗传性编程，但其排列方式很大程度上是由子宫内环境和偶然因素决定的。因此，即使是同卵双胞胎的指纹也是不同的。所有事物的背后都有第一个发明或发现它的人。得益于他们，我们才有了今天。

“科学家”维米尔的愿望

一场大型维米尔展览会将跨越秋、冬两季在日本举办。我也已经开始期待了。维米尔画作的主题一以贯之：光线从安静的房间的左边窗户射入，柔和地照亮室内的女性。

“他为什么会不厌其烦地采用同样的构图绘画？”有人这样问我。“答案很简单。维米尔更像是一位具有科学家心态的人。他反复实验，想要捕捉流逝的时间、光线变幻的瞬间。他向往成为尚无摄影术时代的摄影师。”提问者进一步追问：“他为什么这么渴望捕捉时间呢？”“那是时代潮流。17世纪，伽利略用望远镜，列文虎克用显微镜试图洞悉世界。牛顿和莱布尼茨发明微积分，以了解物体运动的瞬间。他们的愿望都是一样的：‘时间啊，请停下来。’”

就这样，近代科学让时间静止，获得了一张张精确的静态图像。然后，就像连环画一样，通过连续播放来讲述自然。这是一个AI式的世界。但AI与真实自然不同，仅是一种人工“模拟”。不过，这又是另一个问题，是未来科学的难题。真想再一次仔细凝视维米尔的作品，好好思考一下这个问题。

像削鲣节一样

说到非常锋利的刀具，你会想到什么？武器刀剑、手术刀，还是剃须刀片？不，我的答案不同——是用玻璃板断面边缘制成的刀片。金属磨制成的刀刃，无论如何也无法做得比单位金属晶格还要薄，但玻璃由于是非晶态性材料，理论上可以做得锋利到原子级别的宽度。

仅听此说便觉得指尖生疼，但我们生物学家会使用这种玻璃刀制作显微镜下观察用的标本片。将玻璃刀固定在名为超薄切片机的设备上，然后迅速划过浸在蜡中固定好的细胞。如此，极薄的切片会轻轻地出现在玻璃刀切口处。将其比作削鲣节，不知是否能引发你的联想？由于切片极其微薄，稍有风吹就可能飞走，因此要屏住呼吸，用纤细的画笔将切片收集到载玻片上。细胞有厚度，若不将它切得这样薄，就无法看到其内部结构。

超薄切片机（microtome）中的“切片”一词来源于希腊语中“切”（tom）的意思，而“原子”（atom）这一词是在它的前面加上了否定前缀“a”，原本意味着不可再分割的世界最小单位。然而，科学家进一步将其“切”成了次原子粒子。这个世界究竟能被切分到何种程度呢？

字斟句酌，我的写作修行

“福冈先生，您擅长写作，请问有什么秘诀吗？”我曾经被这样问起过。我的文章写得好不好，说实话我自己也不是很清楚。我只是一直努力写出简洁明了、容易理解的文章。虽不算什么秘诀，但有一点我觉得对我很有帮助。

在开始写书前的相当长的一段时间里，我一直在做翻译工作。我没有接受过正规的翻译训练，只是碰巧读到一些有趣的英文科学读物，就介绍给了认识的出版社。对方说“那就请福冈先生翻译一下吧”，于是我就这样踏上了翻译之路。作为一个科学家，我认为自己的英语阅读能力还算不错，所以很轻易地接受了任务。但我完全想错了。我深切地意识到，能读懂英文和将其转化为自然流畅的日语之间，存在着比马里亚纳海沟还要深的鸿沟。解读英文可能只占整个过程的大约20%。翻译需要极致精读，每一个词都不容错过。

因此，为了寻找恰当的日语表达，我不得不反复翻阅各种资料，几乎到了筋疲力尽的地步，这种做法已经变成了我的一个习惯。如果非要说，这就是我写作修行的过程。另外，翻译虽然辛苦，但版税很低。尽管成果是非常优秀的翻译作品。

智能手机文字，让大脑紧绷？

读文章的时候，尤其是长篇小说或复杂论文，纸面印刷的文字读起来更令人安心，也更能入脑入心。但近来，科学论文几乎都实现了电子化，这对于发布、存储和检索来说无疑更加方便，只是在阅读时，我还是更愿意在纸上进行。因此尽管麻烦，我总是将电子文件打印出来。无论是新闻还是书籍，我都更喜欢纸质版本。

这是否只是我们老年人群的怀旧之情呢？并非完全如此。生物的视觉对移动中的物体非常敏感。因为那可能是敌人或猎物，需要立刻行动，因此身体也会进入紧张状态。另一方面，深入观察、分析和思考，需要的是静止的对象。持续观察不断变化的事物是不可能的。

计算机或智能手机屏幕上的文字，虽然看起来静止不动，实际上却处于持续动态之中。由于电子处理，像素高速闪烁，所以文字和图像实际上总是在轻微颤动。这种潜在的刺激或许是在给大脑带来不必要的紧张感，因此让人无法平静地阅读。当然，对于是数字原住民的新一代来说，这或许没有什么大不了，但生物特性不会如此轻易发生改变。

生命，时而消散时而相连

我有机会与诺贝尔奖得主大隅良典先生交谈，他是自噬研究的先驱。自噬是指细胞内的分解系统。因为我也做过一些细胞内蛋白质转运的研究，所以以前就和大隅先生有过交流。

大隅先生这样回顾自己的研究：开始研究时，合成研究处于鼎盛时期，几乎没人关注分解。合成被认为是积极的、建设性的，而分解则被视为消极的、微不足道的。

然而，随着研究的深入，人们发现细胞在分解物质上的努力甚至超过了合成。蛋白质合成的方式很单一，分解却有多种复杂的路径。而生命现象正是建立在不断合成与分解的平衡之上的。这篇专栏的标题也包含了这种思考。

我不知道还有什么文章能比《方丈记》的开篇更加精彩地表达生命的动态平衡这一理念。“浩浩河水，奔流不绝，但所流已非原先之水。河面淤塞处泛浮泡沫，此消彼起、骤现骤灭，从未久滞长存。世上之人与居所，皆如是。”重新阅读时，我有了一个重大发现。鸭长明的写作顺序居然是消失先于聚集！换句话说，他已经先人一步言中了分解的意义优于合成。

人文智慧的力量，你是否忘记了

“那么，艺术究竟应该扮演什么样的角色呢？”我的演讲结束后，观众席上有人提出了这个问题。我身为生物学家，却又会聊起维米尔的话题，试图在科学与艺术之间架起一座桥梁，所以有时也会突然遭遇这样出乎意料的提问。

现场我说了些差不离的话敷衍了过去，但现在想来我可能会这样回答。朝永振一郎曾经写道：“物理学中的自然，实际上是一种扭曲了自然的不自然之物。通过这一制造物回归真正的自然，可能正是学问的本质所在。”（《留德日记》）

自然本身是混沌的、无序的，是瞬息万变又不可重复的。物理学（也可以广泛理解为科学）的任务是对它进行建模，将其转化为数学公式，找出具有再现性的规律。但这种做法不过是强行将自然视为某种特定的状态。作为科学家，我们本应意识到这一点，但许多人沉迷于分解、分析和公式化自然，忘记了应回归到自然的本来面目中去。

艺术拥有将被扭曲的自然恢复为原始状态的力量。哲学或文学等人文智慧也是如此。如今，大学（或社会）对实用学科和应用性的需求过于强烈，导致将科学分解和切割后的知识重新整合的学科或能力被轻视，这不过是文化衰败的表现。

须贺敦子与威尼斯

每当夏天尾声，我就会回想起在那个季节曾去威尼斯旅行的日子。彼时，我想要追寻作家须贺敦子的足迹。

她在运河边发现了一处名为英克拉比利（incurability，意为不治之症患者）的奇特地名。调查过地名的由来后她了解到，中世纪的威尼斯曾有一家专门收治患有梅毒的娼妓的医院，就设立在此地。对岸耸立着雷登托雷教堂，她猜想，这些妓女可能曾凝望教堂祈祷吧(《萨特莱河岸》）。

“日本也有过类似的故事。”近日，一个朋友在信中提到。信里讲述了室泊游女的故事。法然[1]在流放途中，曾于播磨国的室泊港口遇见一位游女。她问法然：“我今生业障深重，来世当如何？”法然心怀同情地回答说：“只需虔诚念佛。弥陀如来正是为了像您这样的罪人，立下了宏誓。”

须贺在随笔的最后以“我站在那里，感受到来自她们的神明的慰藉”结尾，将镜头拉向自己。也许她知道法然的故事。须贺在准备写下有关信仰的整体思考之前离世了。我们每个人心中，或多或少都怀揣着无法治愈的痛处，那是一处名为英克拉比利的地方。

1　日本佛教净土宗宗主。

裹挟着初秋气息的波浪，不断冲刷着萨特莱河岸的石阶，那声音我至今记忆犹新。

人类描绘的“空想”

我在思考关于时间的问题。机器计算的时间和人类感知的时间显然是不同的。

在卢浮宫，有一幅世纪画家基里科绘制的著名赛马图。画中的马展现出了极致的活力，四蹄尽情伸展。然而，随着摄影技术的发展，当用连拍技术拍摄马匹时，人们发现真正的马腿总有弯曲着的，绝不会像基里科画中那样呈现跳跃的姿态。因此，基里科的画成了名副其实的“空想”。但是罗丹为他辩护说，是摄影在说谎。基里科能够在同一时刻描绘出原本出现在不同瞬间的姿态。因此，他的马看起来确实像是在奔跑。

这个故事是坂本龙一告诉我的，是出自哲学家九鬼周造书中的一则轶事。一个音乐家为何会去翻阅从前的哲学书？一个生物学家又为何会对关于时间的论述感兴趣？而且为什么两人的兴趣会有交集？

我认为，在这个AI盛行的时代，我们更需要明确人类能做到而机器绝对做不到的事情。机器只能捕捉到当下的某一时刻，欠缺延展性，而人类的智慧却不同。我们可以把现在看作一个同时包含未来和过去的空间，而不是一个点。在这种厚度中，产生了希望、悔恨和选择，也就是内心的活动。

畅游书库迷宫的乐趣

有这么一个地方。通常的“用过的东西请放回原位”这一规则，在这里并不适用。它规定你用过的东西不用放回去，而是请放在原地。这个懒惰者的天堂是哪里呢？就是图书馆的书库。

在那里，所有的书都按照“日本十进分类法”规则编号并整齐分类。如果读者随意将书放回错误的位置，那本书就会“失踪”。因此，图书管理员负责妥善管理这些书籍。

这种十进分类系统虽然方便，但也不无问题。比如我的作品，试图在科学与艺术之间架起桥梁，那它们应该放于哪类书架上呢？理想情况是，无论读者关注哪个类别，都能遇见它。因此，最好能两边的书架上均有放置。但每本书只能分配一个编号。

其实，时代已经更进一步了。我所任职的青山学院大学相模原校区图书馆书库是全自动的。当你指定某本书时，传送带就会把装有这本书的运输筐送到你面前。虽然每次借阅后，书会归还到不同的筐里，但计算机会记住每本书的位置。这可以说是高效，也大大减轻了管理的工作量。但是，再也不能于书库迷宫中漫游，感受倾听来自陌生书籍呼唤的乐趣了。“阅读”是，即便不读，仅仅知道这些书的存在就已足够。亲近书籍的秋天到来了。

过剩凌驾于效率之上

面对“意料之外”的情况，我们应该如何做准备？让我们从生命现象中学习一下吧。出生后，我们完全无法预料会遭遇何种外部敌害。致病细菌、新奇病毒、化学物质……免疫系统通过DNA的随机重组和积极变化，准备了超过百万种抗体。只要其中任意一种在关键时刻能派上用场就好，而大多数抗体最终并未被使用。

做过剩的准备，让环境来筛选。实际上，大脑的机制也遵循这一原则。出生后，人类大脑神经细胞间积极形成联合，建立过剩的突触连接，以待环境输入信息。随后，频繁使用的突触得以保留，不被使用的突触则消失。10岁左右时，大脑中的突触数量将减少到出生时的一半。如此一来，人类无论出生在何种环境中都能适应，并习得任何语言。

随机产生的巨大过剩看似浪费，而且成本高昂。然而，生命却会故意为之。随机性胜过有意为之，过剩凌驾于效率之上——事实上，从长远来看，这是面对意料之外的最好策略。38亿年来，无论环境如何激变，生命从未中断的事实就是这一策略成功的证明。

虫食算——尝试填空

曾有一个时代，人们说读《天声人语》[2]有助于备考。有些笔记本还以提高文章能力为卖点，鼓励人们抄写《天声人语》。虽然我从来没有想过与这个标志性栏目竞争，但现在我也成了文章经常出现在入学考试题目中的作者。今年（2018年），北海道大学和法政大学等多所大学都选用了我的文章。我认为，文章写作能力、母语能力的本质，可能就在于是否具备语感，能够依文脉挑选合适的词，也就是择词和删词的能力。这或许与创作短歌俳句类似。

不久前，本栏目以《生命，时而消散时而相连》为题，提到了《方丈记》著名的开篇语，它绝妙地描绘了生命的动态平衡。我在文中提到，“鸭长明的写作顺序居然是消失先于聚集”。接下来是问题时间：“比起□□，细胞更加不遗余力地进行着□□。”请在空白处填入合适的词语。

数学中有一种名叫虫食算的填空题。这就是一个关于词语的虫食算。我在推特上开设了一个账号（https://twitter.com/asahi_douteki），每期将从本栏目的文章中挑选一个核心词，出一道这样的词语小测验，欢迎来挑战。上述问题的答案也会在这里公布。

2　《朝日新闻》的老牌社论专栏，篇幅短小精悍，围绕当下社会及政治、经济时事，由相关领域专家学者执笔。

为何没有描绘水面

国内最大级别的维米尔展览即将到来。维米尔的存世画作仅37幅（主办方资料显示为35幅，这是因为对某些作品是否属维米尔真迹存在争议），这次竟有9幅将展出于上野之森。

其中，最值得注意的无疑是他的杰作《倒牛奶的女佣人》。这里展现了艺术家的魔法：从壶中滴落的牛奶被描绘得宛如正在流淌。据一项研究表明，从这个角度倒牛奶，本应能看到壶内牛奶的白色水面，否则并不合理。说起来也许是这样。但我并不认为这是维米尔单纯的失误。他或许是故意这么做的。

维米尔生活在17世纪的科学萌芽期，他本人也具有实验性思维，因此一定尝试过各种不同的事。或许，他想通过描绘倾倒前或倒完后壶内的样子，试图在画中自发地创造出流淌的牛奶。也就是说，这里同时表现了包含过去与未来的当前瞬间，因此一种动态之美得以浮现。这也许是因为我对维米尔爱得太深而产生的幻想，但这就是我的真实想法。

因为他是持续观察生命的英雄

本庶佑终于获得了诺贝尔生理学或医学奖。说“终于”，是因为从我20世纪80年代初在京都学习分子生物学开始，他就已经是这个领域的英雄了。当时还有另一位绝对的英雄，是同样京都大学出身的利根川进。遗传因子的数量，即使按最多估计，也只有几万个，但免疫细胞能生成超过百万种变种抗体。面对这个重大问题，利根川进提出了基因重组的概念，而本庶佑提出了类别转换的观点（两者不是相互对立的，而是互补的）。

1981年度的朝日奖被同时授予了两人，但1987年，第一个获得诺贝尔生理学或医学奖的日本人是利根川进。不知两人当时的心境如何。毫无疑问，本庶佑是寄希望于未来的。他找到了下一个水脉，而这条流域变成了波涛汹涌的大河。

获奖公布后的记者招待会上，给我留下深刻印象的是“设计”一词。

“AI和火箭有设计，可以朝着目标的实现组织项目，但生命科学很难组织设计。我认为，只做应用会产生很大问题。”

免疫检查点[3]常被解释为细胞的“刹车”，但实际上并不是机械论那么简单。这是多年来一直观察生命的自然主义者才能说出的话。

3　免疫检查点（Immune Checkpoint），指程序性死亡受体及其配体。基于程序性死亡受体及其配体的“免疫检查点阻断疗法”可以通过抑制程序性死亡受体及其配体的结合，从而提高宿主免疫系统对肿瘤细胞的攻击性。

如果向植物播撒氨基酸……

从甘蔗中提取糖后的糖蜜，可以作为发酵原料制成调味料。其剩余液体再被用作肥料。非常有趣的是，这种肥料施用于稻米、草莓等作物上后，它们就不易感染稻瘟病或白粉病。这是为什么呢？看来是残余液中含有的氨基酸起了作用。

无论是被病原体侵扰、被虫子啃食或被剪刀剪断，植物都无法逃离。它们既没有动物那样的感觉神经，也没有类似淋巴细胞的免疫细胞。然而，植物拥有令人敬佩，甚至令人惊讶的感知和防御系统。

蛋白质分解后会变成氨基酸。因此，当突然向植物播撒氨基酸时，植物会将其当作外来侵袭的警告信号。这个信号会沿着叶和茎中的通道迅速传播，立即引发植物的防御反应。它们会分泌溶解真菌的酶，释放虫子讨厌的化合物或增厚细胞壁。

施用氨基酸比使用农药有优势，因为它不太会导致耐药性菌株的出现。如果使用农药，可能会出现超越这些农药影响力的生物。

这正如尽量不使用抗生素，而是提高身体固有的免疫力和自然恢复力，是更合理的健康方法一样。

抓拍名画，接下来……

你知道“颜真卿《自书告身帖》”事件吗？这个名字听起来有些唬人，让人不禁好奇到底发生了什么。但对学习知识产权法的学生来说，这在某种意义上是一个必须了解的著名案例。

日本国内现在还很严格，但如果你去国外的美术馆（只要不使用闪光灯），通常是允许拍照的。假设我拍摄了一幅维米尔的名画，然后带回家把图片数据输入电脑，之后（比方说）印在了T恤上，大量生产原创维米尔T恤，然后出售。这时，那家美术馆来起诉我说：“你侵犯了我馆藏美术品的权利。”现在怎么办？

不必慌张。我大概能打赢这场官司。因为有一个确凿的最高法院判例支持。那就是开头提到的事件。颜真卿是唐代书法家。某出版社未经拥有实物的财团法人许可，出版了一本内含该作品照片的艺术书。财团法人随后将出版社告上了法庭。判决要点如下：所有者的权利（使用收益权）不包括美术作品的印刷品。

如果说印刷品也包含在内，那属于著作权的范畴，但保护期限过后，作品将进入公共领域（公有），相应的权利也会随之消失。我爱维米尔！

自然界的奇妙之处，在此交汇

在日本科学史上独放异彩的博物学家南方熊楠，在1929年6月昭和天皇访问和歌山田边时，曾为其讲学。作为生物学家的昭和天皇对熊楠的黏菌研究十分感兴趣，但熊楠最初向天皇介绍的并非黏菌，而是当地称作“乌加”的生物标本。这“乌加”的真身是黑海蛇，但它并非普通的海蛇。其尾端附着有数个名为圆突藤壶的流线型藤壶，看起来就像长出了爪子一样，是个稀奇之物。

为什么熊楠想要向天皇展示这样的东西呢？因为这是他所提出的“萃点”这一概念的集中体现。萃点指的是各种事物汇聚的地方，自然界的奇妙之处也在此交汇。当时，在金币或银币上雕刻有金匠加纳夏雄设计的腾龙抱玉图案，以此象征天皇权威。

熊楠想要展示的是，这龙图确实存在于这个世界上，被名为“乌加”的生物具现化了。“乌加”的标本至今仍存放在熊楠纪念馆的展室一角。尽管标本已经在时光中褪去了颜色，但寻找萃点是人类特有的点燃内心激情的原动力，它仍在不断激励着我们思考。

翠鸟的礼仪

递剪刀时，应该将手握处朝向对方，刀尖朝向自己。我们没有经人特别指点过，确切地说，是从父母或老师那里学到了这样的礼仪。

上个休息日的下午，我在野川与多摩川合流处的兵库岛边散步时，看到了一道闪亮的绿色轨迹划过水面，那是翠鸟。“翠”这个美丽的汉字源自“翡翠”。翠鸟的全身羽毛呈美丽的绿色，背部的钴蓝色格外鲜艳，宛如一粒飞翔的宝石。

到了求爱的季节，雄性翠鸟会向雌性翠鸟赠送礼物。雄性翠鸟多次跳入水中，再在枝头或地面上拍打捉到的鱼，使其停止活动。然后重新叼起鱼，以鱼头朝向雌性，鱼尾朝向自己的方式奉出。这是出于避免雌性喉咙被鱼鳍或刺卡住的细心考虑。

想来，东京几乎消失的小河沟堤岸正是翠鸟喜结连理和筑巢之地，那里已经变成名为“绿道”的暗渠，翠鸟无法在那里生息。虽说翠鸟的生存数量有所恢复，但至今仍属罕见鸟种。野川从源头（位于国分寺市日立研究所内的泉水）到河口，水流几乎可见，是条珍贵的河流。不过，雄性翠鸟究竟是何时学会了这般有礼貌的举止呢？

进化论的成功与局限

几年前的11月，我应邀去某地区的博物馆做演讲，主办方在介绍我时说："今天是非常好的纪念日，很高兴您能来。"我有些疑惑，是创立多少周年之类的事吗？他接着说道："今天是进化论发表的日子。"没错，就在这一天，11月24日，查尔斯·达尔文在伦敦出版了《物种起源》。那是1859年，若按日本历史来算，即江户时代末期安政六年。

物理学分为理论物理和实验物理，前者负责预测粒子的存在与结构，后者通过观测或实验来确认这些预测。大部分生物学研究致力于观察和实验，几乎没有所谓的理论。这是因为我们至今仍未理解贯穿生命现象的基本原理。

进化论是生物学中为数不多的理论之一。它成功地在不借助造物主力量的情况下，解释了生物的多样性。其核心思想简洁明了：生物不断地逐渐变化。这种变化本身并没有方向或目的。但环境会在较长的时间跨度内选择这些变化，这就是进化。160年过去了，生物学家仍将这一理论作为研究的核心。然而，进化论并非万能。毕竟，它无法回答"最初生命是如何出现的"这一问题。

关于陈列三岛作品书架的记忆

我想那应该是中学时代的事。去朋友家玩时，看到他书架的我震惊不已。

《金阁寺》《假面的告白》……三岛由纪夫的作品整齐地排列着。记得它们都是红色的书封，应该是新潮文库版。而那时的我，只是迷恋星新一[4]作品的程度。

我感觉看到了平时看不到的朋友成熟的一面。之后，我也读了《午后曳航》。故事讲的是通过墙上的小洞窥视美丽母亲卧室的秘密。对于青涩的中学生来说，虽然只是隐约的感觉，但我在体内体会到了一种甜蜜而迟钝的奇妙感觉。

除美国外的TPP（跨太平洋伙伴关系协定）将在今年（2018年）12月正式生效。我作为一名生物学家，在贸易和经济问题上发表不了什么见解，但有一点让我觉得遗憾。著作权的保护期限被延长到作者去世后70年，与欧美标准接轨。

我本以为2021年奥运会之后，所有三岛由纪夫的作品都可以在青空文库上自由阅读。三岛由纪夫是在1970年11月25日自杀的。我拜访朋友家的时间应该是在那之后的几年内。他读完那些作品后有什么感想呢？如果可能的话，真希望和他聊聊。

4　日本现代科幻小说作家。

秋叶，无关人的想法

这个季节，我有在大学的校园里捡落叶的习惯。一片黄色的银杏叶、一片鲜红的枫叶、几片绿色和褐色混杂的樱花叶，将它们排列在实验室窗边的桌子上。这样一来，冷清的房间也会变得稍微明亮些。为什么深秋时候树木会落叶呢？

有一年11月突然下了大雪。第二天，许多街道上的树木倒下，大树枝散落在人行道上。大概是因为雪堆积在树叶上，给树木带来了过度的负担。对于阔叶树来说，散落叶子以应对积雪，是一个合理的选择。

然而，那些本应繁茂青绿的叶子为何会变成美丽的红色或黄色，就连生物学家也不清楚。例如，变黄是因为随着温度下降，叶绿素分解，原本隐藏的黄色素显现出来，这只是从原理上成立的一种解释。

黄色由类胡萝卜素产生，红色由花青素产生，褐色由单宁产生。这些色素相对较为稳定。桌上去年秋天捡的落叶还保持着颜色，但叶子已经完全干燥，轻轻一捏就快碎了。我捧着它们走到中庭，让它们回归大地。碎叶在风中四散开来。我领悟到，觉得红叶很美是人的一种心理作用。

绘画：被封存的时间

蒙克的《呐喊》在虚空中回荡，鲁本斯的马儿在群舞，维米尔的牛奶在不断倾泻。如今，在日本极具魅力的展览会接连不断。我们为何能在本应静止的画作中感受到如此生动的动态呢？或许是因为那不仅仅是瞬间，还封印着某种时间的厚度。

关于维米尔画作的不可思议之处，我在10月的专栏中也写过。中京大学山田宪政教授对其中提到的“壶的倾斜度”进行了精密的分析，这是一项有趣的研究（参见《西洋美术研究》中《大约350年前维米尔捕捉到的女性肢体动作》一文）。壶的倾斜角度只靠重力并不足以让牛奶持续流出，但维米尔有意地“调整了壶的倾斜度和牛奶的量”，以表现“倒牛奶女子微妙的手臂动作”。这种巧思使静态画面拥有了动感。

山田教授与合作者阿部匡树也在同一研究主题的另一篇论文中提到了达·芬奇的名言：“运动是一切生命的源泉。”

在绘画表达中描绘出动态的生命现象。让我们再次走进美术馆，欣赏画家们所挑战的这一难题吧。

如果把一杯水倒入海里

“假设现在我们能给一杯水中的所有分子都标上记号。将这杯水倒入海里，充分搅动海水，让这些被标记的分子均匀地分布到七大洋中。那么，如果在某处海滩再次舀起一杯水，其中会含有多少被标记的分子呢？”

这是物理学家埃尔温·薛定谔在其著作《生命是什么》一书开篇中提到的问题。这个为量子力学的确立做出巨大贡献的人，于晚年移居都柏林，思索生命现象能被物理学理论解释到何种程度。

答案是“大约100个”。虽然根据杯子的大小和海水的量会有所浮动，但这个数字令人震惊。薛定谔试图说明生命体由大量且微小的粒子组成，不断地在波动中循环。这不仅局限于空间，也扩展到了时间上。

在日本，我也读到过类似的说法：紫式部的尿液也许流转成了我们的饮用水……不过我找不到资料，不确定是谁说的。不管这个人是否知道薛定谔，但可以确定的是，我们在活着的时候正在不断循环、重生于环境之中。

薛定谔的精髓

上次提到的书，诺贝尔奖得主埃尔温·薛定谔写的《生命是什么》，是一部极具洞察力的著作。他首先论述了遗传因子的特性（在撰写时期，人们对于遗传因子的真正身份和结构还几乎一无所知），认为为了携带大量遗传信息并能从一个细胞复制到另一个细胞，它可能具有复杂的排列组合结构，并且像晶体那样能自我复制。

年轻时读到这本书的雄心勃勃的科学家们——沃森和克里克——后来发现了DNA的双螺旋结构（DNA能形成晶体，并且双螺旋是为了信息复制准备的）。20世纪最大的生物学发现背后，有薛定谔的预言。

但是《生命是什么》真正的精华在书的后半部分。生命之所以为生命，是因为它在不断抵抗熵增定律。熵是混乱的度量，有序变无序是唯一方向，这就是熵增定律。然而生命一直维持着低熵状态。即使薛定谔也无法解释生命是如何实现这一点的。（待续。）

对抗宇宙大原则的大扫除

像金字塔那样壮丽的大型建筑也会随着时间风化成沙粒。整理好的桌子很快就会变得杂乱，新泡的咖啡不久就会变凉。热烈的恋情也会转瞬变淡。

这是因为万物都遵从宇宙的大原则——熵增定律。有序变无序，有形变无形，换句话说，混乱度（熵）只会增大。然而，唯独生命在抵抗这一法则。细胞内总是整齐有序，从不冷却，永远保持着形态。提出这一观点的物理学家薛定谔也未能解释生命是如何实现这一点的。

对于难题，向过去寻求答案总是好的。在他指出这一点约10年前，生化学家舍恩海默已经揭示了生命在不断地自我分解和重建。这里有一条线索：通过故意先行破坏，持续抛弃熵。把自己置于这一过程中，生命就能成为生命。

那么，我想提醒大家的是，年末大扫除也是同样的道理。仅仅把东西藏在看不见的地方并不能解决任何问题。扔掉不用的东西，保留持续更新使用中的东西，才是抵抗熵增定律的有效手段。

Chapter 06

2019.1.10

—

2020.3.19

黄昏云，复苏的记忆

旅行归途，我乘坐从机场出发的豪华巴士，在首都高速3号涉谷线上向西行驶。此时恰逢黄昏时分。从巴士高高的座位上向外望去，今天的东京景色也显得安静宁和。西边的低空，紫色的云彩像一条带子般左右延伸。我将其想象成远处连绵的山脉。瞬间，东京似乎变成了信州的某个小镇。寒气袭来，同时，一种怀旧又带着些许伤感的情感涌上心头。在那个被高山环绕的小镇，我曾与短暂交往的人共同旅行过。记忆碎片在那一刻突然涌现。

记忆不是存放在大脑深处的老旧录像带，而是在瞬间重新构建的。虽然它马上又会像细雪一般消散，但那些清晰的触感，足以跨越漫长岁月的侵蚀，重新苏醒，在短暂的时刻点燃心中的火焰。

注意到的时候，虽感觉过去的时间并不长，日落竟已接近尾声。缕缕残云开始融入暮色，形成了一道道宛如北斋版画般美丽的深蓝渐变色。我决定将其视作新年之始的吉兆云彩。

外骨的无常之感，我亦感同身受

不久前我写过这样的内容：紫式部的尿液也许终将变成我们的饮用水。我提到这个例子，是为了说明构成这个世界的原子总量大致恒定，只是在生命和环境间，超越时间和空间不断传递。虽然我记得曾经在哪里读到过这句话，但因为记忆模糊，无法明确来源。现在找到了，是宫武外骨。

原文是这样的："地球的水量古今相同，只是日夜转换，因而一碗白开水中可能含有曾是弓削道镜色欲之水和紫式部小便的微小分子。"（《滑稽新闻》第122号，1906年9月5日）这成了一句名言。外骨是个充满批判精神的人，因嘲讽明治宪法而被判不敬罪，约3年时间被囚于石川岛。其间，外骨在狱中不断产生并记录下这样一些奇思妙想。即便后来多次遭受言论打压，他也毫不屈服，以辛辣评论和淫秽讽刺风靡一时，成为新闻业的典范。

如果他今天还活着，会说些什么呢？但我欣赏的，是外骨那种淡泊的生命哲学。他的思想也超越时空继续流转。我提出的动态平衡，不过是重新诠释外骨所感受到的无常。

诺贝尔奖的幕后英雄

今年是亥年。既是我的本命年，也迎来了还历之年，不禁感叹时间飞逝。常听说，科学家的黄金时期只在年轻时的灵感闪现期。每当这样想，就会对自己几乎未曾做出过什么可称之为“发现”的事情感到悲哀。但总有救赎。

开启生命科学新时代大幕的是1953年沃森和克里克揭示DNA双螺旋结构的壮举。这是出现在每本生物学教科书上的伟大发现。当时沃森只有二十几岁，克里克三十几岁。他们之所以坚信一旦发现DNA结构就能获得诺贝尔奖，并全情投入研究，是因为早在约十年前，已有人通过细致的实验明确了DNA正是遗传物质的本体。那个人就是奥斯瓦德·艾弗里。当时，人们普遍认为携带大量遗传信息的是具有复杂结构的蛋白质。艾弗里带来了一个范式转变，而他证明这一点时已有60多岁。他终其一生，未曾等到诺贝尔奖的消息。

他的孤独自持教会我们：任何时候开始都不算晚（Never too late），同时让我们深切地感受到这只是一种安慰。未被颂扬的英雄，就是这样的存在。

冲绳的绳文人，对烤肉垂涎三尺？

提到亥年，我想起了在冲绳县立埋藏文化遗产中心看到的一些野猪骨。这些骨头是在嘉手纳基地附近的海岸发掘的一处大型贝丘中发现的。根据陶器的风格，推测这些出土物约有6500年的历史，属于绳文时代。同时，也发现了大量的野猪骨。这些骨头呈现出被火烤焦的痕迹。

更有趣的是通过分析骨头中残留的微量胶原蛋白中的元素，可以推测出这些野猪的食物。北海道大学名誉教授南川雅男等人指出，一部分野猪除了吃野生植物和橡子，还可能食用了杂粮和海产品。

这表明人类可能已经开始饲养它们。尽管在绳文时代的日本，农业尚未普及，但在当时的中国，农业已经得到广泛发展。他们可能通过喂食剩饭等，逐步将野猪驯化为家猪。

那么，这类猪当时是否已经被引入冲绳了呢？想象着绳文时代的人们边吃着冲绳特色猪肉荞麦面，边品尝烤肉，心中不禁感慨万分。海洋不是隔绝人类的屏障，而是连接的纽带。冲绳拥有着非常先进和丰富的生活。

低调的背后是隐秘的光辉

西装我偏爱Paul Smith。它的外观设计非常传统，但内侧总有些许巧思，可能是有花朵图案的里布或是内袋带有格纹。然而，我几乎不会在公众面前脱去外套，所以除了我自己，没人会注意到这一点。

这让我想起蝴蝶。图鉴上的蝴蝶都会展开左右对称的美丽翅膀，但它们的背面通常颜色相当朴素，多是褐色或灰色的枯叶图案。不过，仔细想想，这种正反两面的观念完全是人为的设定。实际上，在大自然中的蝴蝶，无论是吸食花蜜还是在树荫下休息，都会将翅膀垂直收起，展示那朴素的背面给我们看。换言之，我们所认为的背面，其实是蝴蝶的主要“表情”。只有在飞行间隙，或者轻轻张开翅膀的一瞬间，它们才会让我们一瞥那隐秘的内在光辉。

前不久，我在杂志上看到一则广告，一个小婴儿的头顶上停留着一只蓝色蝴蝶。或许是蓝闪蝶吧。但它的翅膀无论正反都是鲜亮的蓝色。如果这是基于蓝闪蝶的创意，即使是设计，是否该如此大幅地改变自然？当这个孩子长大后，如果他了解了真正的蓝闪蝶的样子（背面），一定会感到惊讶。因为那里隐藏着与亚马孙丛林中的神秘阴暗相匹配的魔法。

盐，虽然现在是“坏蛋”

我享用了一顿丰盛的法式料理。桌上最美味的竟是与面包搭配的一片黄油。是因为我的味觉有问题吗？不，原因是那片黄油含有丰富的盐分。我们对盐分的喜爱，是生命需要它的证据。为了保持细胞内外的渗透压平衡，盐是必不可少的成分。

自古以来，掌握和独占对生命至关重要的资源的欲望一直是权力所追求的目标。因此，盐在世界各地被实行专卖制。“薪水”（salary）这个词源于给予士兵购买盐的报酬。法国大革命和甘地的抗议都是从反对对盐的征税和专卖制开始的。

后来，盐被解放出来，变得极其廉价。但现在，盐却成了“坏蛋”。美味的东西往往会让人过量食用。而过多的盐分会使血液变得浓稠。为了稀释它，细胞中的水分会转移到血液中。这导致血液总量上升，增加了心脏的负担，从而引起血压升高。这成了各种疾病的起因。虽然减盐是国民健康的重要议题，但低盐饮食却显得十分乏味。如果能够在保持美味的同时实现减盐，也许会有新的产品或方法诞生，或许还会获得减税优惠。我猜，食品制造商已经在竞相研究这一领域了。

时代的脉动，是否传承了下来

我小时候有一段时间住在千叶县的松户市。在不断开发的同时，这座城市还保留着常磐线沿线恬静的田园风光。前几天碰巧路过，就在车站下了车。尽管变化很大，但车站前的书店还在，连包书纸也和以前一模一样。

后来出于父亲的工作变动，我们离开了松户，我的中学老师在留言中写道："等你开始读花田清辉的《复兴期精神》时，我们再见面吧。"当时还是个少年的我，对这本书一无所知。我在书店找过，但没有找到。此后，这个书名一直留在我心底，但很长时间过去了，我还是没有机会读到它。心里也在想，不知老师是怀着怎样的心情把这句话送给我的呢？

直到很久以后，我才读到这本书。它在讲述文艺复兴的同时，以清醒的视角，如聚焦于椭圆上的两个焦点一般，叙说了从战时到战后时代的巨大转变。老师是否也在自己的生存方式上感受到了同样的问题呢？

如今的我，已经远远超过了当时老师的年龄，但我能否向年轻人传达我经历的时代的脉动，至少推荐一本"一定要读"的书呢？想来，我可能是那个忽略了将战后民主主义的气息传递给后人的责任的一代。与老师的再会，最终也未能实现。

“脱靶效应”责任归谁

厚生劳动省表示，由基因编辑技术制造的食品，由于不属于“转基因”，因此不需要依法进行安全性审查。原因是，他们认为当DNA的碱基序列仅发生一到几个变化时，由于这在自然界也会发生，所以将两者视为等同。这真是个令人震惊的逻辑。

自然界中所发生的，是在DNA的任意位置偶然发生的随机变化。而通过基因编辑做到的，则是在DNA的特定位置人为引入的有意变化。这两者完全不能等同，后者无疑是对生命系统的积极干预，即转基因。而且，基因编辑技术还有潜在的危险性，即“脱靶效应”。这意味着在基因组的其他地方，可能会不可避免地发生意料之外的编辑。

这有点像搜索文本数据对某个词做统改时，一个存在于类似表达中，但上下文完全不同的词，由于发生变化，导致文脉意思变得完全不同。而高等生物的基因组是由数十亿文字组成的宏大叙事。

科学家总是倾向挑战技术上的可能性。这从试图将基因编辑应用于人类受精卵的急切行动中就可见一斑。如果发生了意外（脱靶效应），谁能承担责任？

小蝶方知春

春天的到来的信息总是由小小的蝴蝶带给我们的。在阳光明媚的清晨上班途中，我依稀看到还未复苏的草地上，有东西如花瓣般旋转舞动。原以为只是风在一瞬间闪闪发光，结果发现是今年遇见的第一只蝴蝶，可能是灰蝶。话说回来，无论“初蝶”或“春光明媚”都是俳句中春天的季语。

春蝶虽小身难藏，纤身点破春风凉。

蝴蝶过冬的方式因品种而异。比如，柑橘凤蝶以蛹过冬，而玉斑凤蝶则以幼虫形态过冬。我见到的这只蝴蝶翅膀受伤了，所以猜想它一直是以成虫的形态，在某处叶荫下熬过寒冷，静待春天的到来。

视野回到去年秋天，蝴蝶会在某个时候敏锐地预感冬天的到来。它们会暂停生成或变态，降低代谢，静静等待即将到来的时刻。有的蝴蝶种类以卵过冬，当季节再次轮转，尽管风还带有丝丝凉意，但它们会迅速察觉到春天的到来，并开始为繁殖下一代做准备。生命对于差异是如此敏感，它将变化视为生存的信息。

然而，作为生物的人类却追求着均衡的统一性，追求与昨天相同的今天、与今天相同的明天，希望在同一室温、相同系统中寻求安逸。而当我们偶然看到日历，发现今天已是3月7日，才会惊讶地回过神来。

在“派日”思考数学

今天，3月14日，是日本的白色情人节，但在美国则是“派日”。商店里摆满了苹果派等美食。这源于3.14是圆周率，即 π 的近似值。自古以来，学者们一直在探索这个神秘数字的奥秘。然而，所谓的“宽松教育”时期有传言称“圆周率等于3就足够了”（实际上是《学习指导意见》中写明“依据目的，可以考虑使用3来处理”）。

同一时期，东京大学的入学考试中出现了“请证明圆周率大于3.05”的题目。这个简单的好问题被认为是对教育部政策的一种反驳。你可能会想，π 约是3.14，当然大于3.05，但这不算是证明。直径为1的圆的内接正六边形，周长为3，圆周比它要大，因此 π 大于3。接着，可以计算正八边形或正十二边形的外周。使用三角函数可以得到正多边形的外周。实际上，阿基米德就是通过这种方法想到了圆周率。

最近，有人质疑在学校学习三角函数的意义，但这当然是有意义的。学习人类为了丈量世界而发明的思维方法，即数学，也是在学习文化史。认为无用，无疑是一种不良的短视思维，是历史修正主义的一种。

思考生命选择的一天

今天是春分日。同时，3月21日也是世界唐氏综合征日。多数患有唐氏综合征的人拥有3条21号染色体。21号染色体是22对常染色体中最小的一条。尽管如此，它上面携带着数百个基因。基因缺失引起的异常很容易理解，但为什么基因量是正常的1.5倍会产生唐氏综合征特有的性状，原因至今仍然不明晰。

新型产前诊断通过分析母体血液中释放出的少量胎儿DNA片段来实现，不再需要像羊水穿刺那样给母体带来负担的检测方法。新方法能够简便、迅速、高精度地检查胎儿的染色体和基因，并且正在逐渐普及。然而，如果检测结果显示有异常，如何思考、如何应对就成了对父母生命观的考验。不过，包括咨询体系在内，准备工作仍显不足。在美国，就这一问题分为胎儿生命保护派（pro-life）与支持中断生育派（pro-choice）。哪一派应当被尊重，存在着很大争议。

根据战后不久制定的《节假日法》第二条，春分日被定为“赞颂自然，爱护生物”的日子。拥有与生俱来的生存能力的生命，应当拥有同等的生存意义。在今天这样一个日子里，我想认真思考即将到来的生命“被选择与不被选择”的价值。

使用自己的“度量衡”之难

听了一朗[1]的退役发布会，让我再次思考什么是专业人士。专业人士是指那些能够始终以一定水准高水平发挥的人。但有时他们的平衡会突然被打破，尽管按照正确的过程采取正确的步骤，但结果却不尽如人意。这时候，能精确分析如何恢复如初，也是成为专业人士的条件之一。这在科学领域中也是一样的。

我当博士研究员时，一直进展顺利的转基因实验突然走不通了。是哪里出了问题？我仔细检查了每个步骤，但始终找不到原因。

花了数周时间后，我终于找到了问题所在。我以为自己一直在重复同样的事，却有一处不同，那就是我换用了另一家制造商同样形状的试管。由于热传递方式的差异，即使加热相同的时间，反应的进程也会略有不同。看似相同条件却存在我未能发现的盲点。这让我深刻感受到了自己未能达到专业水平的不成熟。

发布会上给我留下最深刻印象的是一朗的这句话：“度量衡始终在自己心中。”这意味着，要始终让自己保持谦逊，并要看到自己的局限性。这就是专业标准所在。有多少科学家能意识得到自己的极限呢？

1　铃木一朗，缔造诸多赛事传奇的日本职业棒球运动员。

对蝶的思考，不论古今

《万叶集》突然成为众人关注的焦点。仿佛之前社会上没有流传过文学非必需性论调一样。在《万叶集》数千首描写自然万象的诗歌中，虽有萤火虫、蟋蟀、蜻蜓等生物出现，却没有一首提到我所爱的娇小的“蝶”。真是怪事。只不过，这一次新年号的选定依据之一的梅花诗序中记载了“庭舞新蝶”，可以肯定蝴蝶在当时已经引起了人们的注意。

然而，蝴蝶不仅仅是季节性的风景线，它或许是一种更为特殊的存在。我曾听已故动物行为学家日高敏隆先生提出过这样的理论：蝴蝶的幼虫被称为常世之虫，它们被认为是连接这个世界与彼岸的存在，并因此被珍视。而蝴蝶的戏剧性变身，可能被认为是死者的化身。以这样的心态阅读《万叶集》，我发现诗歌的吟咏者处处感受得到死者的气息。那或许就是飞过的蝴蝶吧。

在拜访京都郊外的日高家时，夫人给我看了遗物笔记和庭中种植的树木。这时，不知从哪里来了一只凤蝶从我们面前飞过。“哎呀，是‘他’来打招呼了吗？”夫人这样说道。即便是生活在AI时代的我们，也和古代人一样，会偶尔寄情于自然。

北里大师何所思

野口英世之后，北里柴三郎将继任。我说的是1000日元纸币新版本的事。不知道这是谁拿的主意，但如果天堂中的北里听到这个消息，可能会有些自尊心受挫。北里是年长野口20多岁的前辈，事实上，两人之间还存在师徒关系。

北里一定认为自己在研究成就上优于野口。北里的白喉血清疗法和鼠疫菌的发现至今仍值得称颂，而野口声称发现了狂犬病和黄热病病原体的研究却未能经受住时间的考验。这些疾病现在已被确认是由病毒引起的，而野口在当时所使用的光学显微镜的放大倍数不足以观察到病毒。科学界的评价是冷酷的。尽管如此，野口英世在世界上仍享有很高的声望。那就是他克服贫穷出身和身患残疾的不利条件，立身海外，为家乡老母带回荣誉的名人传记。似乎容易触动日本人心弦的是那种生存方式，而不仅仅是他的成就。

顺便一提，两人的共同之处是他们都艳福不浅。有传记提到，野口订了婚，赚了聘金，却在出国前与艺伎玩乐，大肆挥霍。而北里则据说有多个情妇和私生子。如果要论于公于私都精力充沛的人物更适合成为纸币人物模型的话，那么这二位确实能够胜任。

为何不索性建一座奇特的大教堂?

巴黎圣母院的火灾震惊世界。“Notre Dame”是我们的贵妇人，即圣母玛利亚。马克龙总统宣布将在五年内重建教堂。不知是否能够恢复其昔日的优雅姿态。一位建筑师朋友告诉我，对于建筑的记忆及建筑的再生，欧洲人似乎持有相对灵活的观点，他还提到了两德统一后重建的国会大厦的例子。

柏林国会大厦曾经宏伟壮丽，但战后长期荒废。重建后的国会大厦，在古典风格的基础上，搭配了未来感十足的玻璃穹顶。诺曼·福斯特的方案看似自相矛盾，实则蕴含着巧妙的设计思路。穹顶内部的空中走廊成为人们的步行道，通过脚下的玻璃可以俯瞰下方议会厅。这意味着公民可以随时从上方俯视国会，是民主主义的具象化呈现。

圣母院并不位于巴黎中心，反而巴黎是围绕其发展起来的。如果在圣母院屋顶设计一家玻璃幕墙咖啡厅，毫无疑问，它将成为环视巴黎全景的世界级旅游景点。鉴于法国建造了埃菲尔铁塔和蓬皮杜中心，所以这样的未来设想并非天方夜谭。

从1250本开始的进化

大约20年前，我的第一本书是一家小出版社出版的翻译作品。它从讲卖血开始，批判性地考察了人体血液、精子、卵子、器官等的商品化历史，并表达了对未来的担忧。出版商认为内容艰深，决定首印3000本。此后没有再加印，具体销量我不清楚。

160年前，一部厚厚的绿色书籍在伦敦出版。长期以来，人们坚信这个世界上丰富的生物种类是由上帝一次性创造的，而这本书却不借上帝的力量解释了物种的起源。那就是达尔文的“进化论”。不过，生物并不是主动寻求变化的，而是在不定向的随机波动中，由环境选择出适合的特性，从而产生了物种多样性。正式书名是《物种起源》，首版仅1250本。然而，这本书不仅在生物学界引起一场革命，也革新了我们的世界观。

至于我的那本译作，在绝版之后，被一家有心的出版社看中，并发行了修订版。随后还被改编成新书，虽然是本小书，但至今仍然被人们阅读。书中预言的通过基因改造设计婴儿正在变为现实。一旦以文字形式记录下来的言语，实际上就成了思想传递的媒介，像活生生的生命体一样，不断在人们的精神世界传递，继续其进化之旅。

用微分解密病毒之谜

懂了一点点？还是自以为懂了？我读了著名数学家斯特罗加茨解开萤火虫同步发光现象的新书《无限的力量》（*Infinite Powers*）。书中以清晰有力的语言充分展示了微积分的真正价值，是一部佳作。开辟艾滋病治疗之路的，也是数学这一学科。

人一旦感染病毒，初期可能会出现发烧等现象，但之后，患者会进入一个长期的稳定期，几乎没有任何症状。病毒似乎一度“冬眠”。书中介绍，有研究者通过“微分”研究了此时患者的身体。他们通过给药暂停病毒的繁殖，由此计算出病毒的生成与消失速度——这正是艾滋病的动态平衡。原来病毒并没有冬眠。每天有100亿个病毒出现，又被免疫细胞全数歼灭。看似的稳定期，实际上是激战期。每天都有大量的繁殖和由此产生的变异。这也就解释了为何对药物产生耐药性的病毒会迅速出现。

如何对抗？同时投给不同类型的抗病毒药物即可。由于变异是随机的，因此对于多种药物同时产生耐药性的情况不太可能出现。这就是艾滋病的“鸡尾酒疗法”。对于那些认为学习微积分毫无意义的同学：数学在许多情形下为我们开启了新世界的大门。

珍珠奶茶和“吸血”

珍珠奶茶似乎很有人气。据说是因为用粗吸管吸起大颗粒珍珠的口感很受欢迎。我不禁想，这不是与生物在进化过程中获得的“吸血”感觉相似吗?

蚊子的吸血过程极其精巧。它们能够感知体温和二氧化碳，轻轻地降落在猎物的皮肤上。它们用口器末端的“刀片”快速切开人的皮肤，随后插入极细的吸血管。它的直径只有医院注射针头的二十分之一，所以不痛。吸血管的尖端能够敏锐地感知血液流动，比任何熟练的护士都能更准确地找到血管。其神速可谓迅雷不及掩耳。

蚊子的吸血管内径只比人类红细胞的直径稍大一点。也就是说，和吸管与珍珠的关系类似。吸溜吸溜吸溜。蚊子肯定就是以这样的感觉吸血的。不过，蚊子并不是靠气息吸血。蚊子的吸血管至胃的部分呈葫芦形，通过收缩进行泵吸。

为了防止血液在途中凝结，蚊子会注入包含抗凝物质的唾液来吸血。这就是引起瘙痒的原因。因此，不应该拍死蚊子，因为压力会将蚊子的唾液推入皮肤内。如果可能，最好是轻轻地用指尖弹走它们。夏天很快就会伴随那飞舞的嗡嗡声到来了。

你能否时常保持自我怀疑

在科学研究的世界里，几乎可以说没有哪次实验的结果会完美匹配假设。在此情况下，大多数研究者会这样想：我的假设没有错，只是实验方法不佳，导致没有得到好的数据。因此，他们会逐渐改变条件，重复实验。然而，在大多数情况下，实验失败是因为假设本身就是错误的。

但是，研究者们大多固执己见，坚持自己的理论。如此，导致大量的时间和尝试白费。因此，真正需要的科学研究才能，与其说是天赋或灵感，不如说是自我怀疑、对挫折的抵抗力和适时放弃的果敢。

不过，在科学研究的世界里，有时会得到完全符合想象，甚至超乎想象的漂亮数据。这种时候对研究者的要求又是什么呢？是不能沾沾自喜。因为实验方法可能有漏洞，导致结果只是表象。所以，这里同样需要自我怀疑、对希望的抵抗力和果断放弃的能力。英语里有这么一种说法："Too good to be true"，即过于完美就不真实。如果研究者们能再冷静一些，那些科研丑闻就不会发生。类似的错误不胜枚举。

与森毅老师一起的日子

昨天7月24日，是森毅老师的忌日（2010年去世）。森老师是京都大学教养部（当时）的数学名师。我入学后立刻选修了他的数学讲座。

老师身着牛仔裤搭配一件皱巴巴的衬衫，慢吞吞地走进教室。他一坐上讲台先抽一口烟，烟灰就随意掉落在地板上。放到现在简直难以想象。“好，今天我们聊点什么呢？有没有什么有趣的事？”讲座兼闲聊就这样开始了。后来大家发现，不管出不出现都能拿到学分，于是听课的人也就越来越少了。

有一天，我差点迟到，急忙下楼去往教室，却遇到了从楼下上来的森老师。“今天没人来，我就想着不上了。不过既然你来了，那还是上课吧。”老师从艺术到哲学无所不知。谈到数学时，也会谈论数学史和教育学。他建议入学考试时，将各科成绩平方后再相加（这样就可以录取、指导在某一领域成绩突出的人）。

通过他的教学，我意识到大学不只是学习学科知识的地方，更是一个磁场，在那里可以感应到栖息在自由空间中奇异生物所发出的奇妙振动。这是我对在文部省加强管理、大学的自由度被完全束缚之前那段牧歌般的日子的回忆。

开始动摇的“常识”

“获得性状不会遗传。”这是现代生物学的基本原则。然而，这个“常识”已经开始动摇。获得性状指的是父母那一代通过经验或学习获得的记忆或行为。无论经历过何种残酷的战争，还是钢琴弹得如何更好，孩子并不会生来就拥有这些经验或进步。这是理所当然的，因为无论怎样的经历或后天能力，都无法传递给下一代的生殖细胞。

然而，这个“常识”如今开始发生动摇。例如，著名学术杂志《细胞》最近刊登了这样一篇论文。小生物秀丽隐杆线虫以细菌为食。但绿脓杆菌是危险的食物，被其气味吸引而吃下会导致感染，最终死亡。因摄取绿脓杆菌而生病的线虫，在临死前会产卵。这些卵孵化出的线虫，会知道绿脓杆菌的危险性并回避，尽管它们从未与绿脓杆菌有过任何接触。

这看来是某种RNA（核糖核酸）参与了经验的传递。父母一代的获得性状，通过微小的信息粒子，传递给了生殖细胞。如此一来，父母一代的“获得性状遗传了下来”。虽然还有许多未知之处，但可以预感到一场巨大的范式转变即将到来。

选择性生育，或能实现?

能选择生男还是生女，这一直是人类历史上的一种梦想。从民间传说到使用昂贵的设备，人们尝试了各种各样的方法。每次射精释放出的精子数量高达数亿。其中一半是携带X染色体的精子（产生女性），另一半是携带Y染色体的精子（产生男性）。谁首先到达卵子，性别就由谁决定。这完全是偶然的。

比较X染色体和Y染色体，虽然X染色体更大，但这种差异放到精子整体的数量中看，几乎会被抹去，因此很难对精子做分离。然而，最近广岛大学的研究通过一种创新且简便的方法发现，只有含X染色体的精子具有源自X染色体的特殊受体。给予能与受体结合的药剂，可以使含X染色体的精子行动迟缓并沉淀，从而与含Y染色体的精子分离。之后只要清洗掉药剂，含X染色体的精子可以重新恢复活力。

研究团队使用这种方法证明了对牛和猪进行性别选择是可能的。这对畜牧业来说是一个极好的消息。例如，乳业需要雌性动物才能运转。当然，将这一方法应用到人类身上还存在很高的门槛，但至少展示了一种可能性。另外，这种受体原本是用于检测病毒的，为什么只在含X染色体的精子中存在，仍是一个谜。

晚年成就巅峰的北斋

我想几乎没有人不知道达·芬奇的《蒙娜丽莎》或维米尔的《戴珍珠耳环的少女》。那么，世界上的人们都知道哪些日本绘画作品呢？大概是葛饰北斋的那幅乘风破浪的《神奈川冲浪里》。他曾这样写道："我自六岁以来便喜欢描绘物体的形状，尽管到了五十岁（半百）以后创作了许多画作，但直到七十岁之前，我的作品真的微不足道。"实际上，包括《神奈川冲浪里》在内的北斋代表作《富岳三十六景》，都是在他70岁之后才出版的。

当然，我们任何人都无法将自己与北斋相比。但在今天这个呼吁人生百年的时代，北斋的生活方式或许可以成为一种榜样。北斋没有忘记少年时代的初心，他在不断自我磨砺的同时，绝不对自己的技艺感到满足。他总是抱有强烈的焦灼感，并在壮年过后创造了自己的巅峰时期。据说晚年时他曾这样说："如果上天再赐予我五年生命，我将成为一个真正的画家。"

我们想要有所作为，任何时候开始都不晚。北斋在呼喊：Never too late.

学生们目睹的“9 · 11”事件

9月的一个万里无云的澄明清晨。史岱文森高中的学生们即将开始寻常的一天。该校是纽约市顶尖的公立高中之一，学生们通过艰难的考试入学。学校位于曼哈顿南端，沿河而建。

在第一堂课结束时，仅相隔几个街区的世贸中心北塔开始冒烟燃烧。大家都跑到窗边。此时，在他们面前的南塔也冒出了火焰。每个人都意识到这不仅仅是一场事故。可以看到有东西从高楼接连落下。那是人。突然，学校内的照明开始闪烁。随着大楼的倒塌，土烟向着学校袭来……

这是最近公开的纪录片《塔影下》中的一幕。在距离现场不远的试映会会场，我屏息聆听当时学生们的诸多证言。那天之后，他们的人生发生了巨大的改变。伊斯兰系的学生在爱国情绪陡升的舆论前却步，但他们同样作为美国市民高举星条旗。18年过去了。当时的高中生已经长大成人，努力过着各自的人生。他们如何看待如今的美国？影片结束之际，字幕打出：谨以此片献给一位年轻时因癌症去世的韩裔女毕业生。

少年的笔记，我的话语

出于一个小聚会我前往银座，顺便去了趟鸠居堂，买了一些应季的明信片。秋天的草、红色的虫笼、黄昏的天空，我一直喜欢这些从未改变的图案。住在京都时，也经常去寺町通的店铺。那里的空气总是十分静谧，走进去，能隐约闻到一股焚香的味道。

在银座，我见了电视台的一些工作人员。一位导演制作了一档节目，追踪一个写了很多“自学笔记”的少年，他会剪贴新闻或书籍中引起他兴趣的内容，或是加上插图记下自己的发现。

少年很清楚自己在周围人中略显格格不入，被认为是个怪人。但他从写作中找到了自我，也因此与世界建立起联系。就这样，他以自己的方式，每天都过得很充实。

节目中引用了我的著作《蓝色锹形虫的故事》中的一段话：“重要的是，拥有一件喜欢做的事。在这段热爱之旅上，风景是如此的丰富，以至于它能不断地激励你，永远不会让你感到厌倦。它就这样静静地鼓励着你，直到最后。”意外获悉我的寥寥数语，竟支撑着遥远的某一颗心，我的心里也涌动起一股暖意。

风造就的玫瑰色火腿

我走访了意大利高级生火腿帕尔马火腿的产地兰吉拉诺镇。沿着宽阔的帕尔马河畔，丘陵地带布满了许多小型火腿工厂。每栋建筑都是三层或四层高的横长形结构，顶层有整齐排列的细窄窗户。在晴朗的早晨，当气温尚未升高时，窗户会被打开，让舒适的河风穿过。风会干燥吊挂在室内的梨形火腿。

所有工序都是手工完成的。当地养殖猪的猪腿一到工厂，两人一组的工人会均匀地在其上涂抹海盐。在低温下腌制几周后，火腿会被转移到不同温度的房间，开始漫长的成熟阶段。火腿表面涂有米粉和油的混合物，被盐油覆盖的肉在内部自行消化蛋白质，释放出氨基酸的鲜美和甜味。同时，红肉部分发生了铁离子和锌离子的交换，使肉变成鲜亮的玫瑰色。这种方法自罗马时代以来一直被沿用至今。

享受着冰镇白葡萄酒和香味宜人的火腿肉，我感受到饮食文化是如此深地植根于地域文化之中。不错，“风土”一词中本就包含了“风”。

“外星人”不该是章鱼

我负责的大学班级中，一位中国留学生提供了这样一个话题：今年的诺贝尔物理学奖与《三体》。物理学奖关注的是系外行星，即太阳系之外存在与地球相类似的行星的可能性。如若存在，那里可能有发展出高等文明的外星人。《三体》是刘慈欣撰写的科幻小说，讲述距离地球最近的恒星系上生活在严酷环境中的外星人——三体人。他们接收到来自地球的电波后，开始准备入侵。这本书在中国乃至全球都非常受欢迎。

接过学生的话题，我继续讲了下面的话。的确，存在具有地球类似环境——大气、水、温度等——的系外行星是可能的。但认为一旦有了适宜的环境就必然会有生命出现，这种想法过于简单。有机物聚集在一起并不等于生命。让生命成为生命，还需要一个重大的跃进，那就是必须建立起“动态平衡”，在分解的同时进行合成。

如果将动态平衡定义为生命，那么它并不一定需要地球的方式，即使用核酸或氨基酸那套机制。那么，不同类型的“生命形态”可能存在于宇宙的某个地方。不过，它们可能不会是我们常想象的章鱼或乌贼那样的形态，而是以我们无法看见或触摸到的方式在宇宙中飘浮。

留意世界的变化

一次，我坐在电车的头节车厢里，看见一个小男孩正踮着脚尖，紧贴在驾驶室后面的窗户上，专心望向前方。那个位置确实不错，能让人觉得自己成了司机。

当我在下一站下车时，他和一位看似是他妈妈的女士也一同下了车。但是，当他们踏上站台时，他却停了下来不愿意动。妈妈催促他快一些，他说，我想听听火车开走的声音。后来，他被妈妈拉着离开了那里，但看起来非常不舍。如果是我，一定会陪他多待一会儿。

随着列车摩擦轨道加速离开站台，最终消失在远处，列车的声音带有独特的变化。我完全能理解那个男孩想要留下来聆听的心情。

不论是声音、光线还是风，能够注意到这个世界的微小变化，就是通往新发现的大门。大约90年前，美国天文学家爱德文·哈勃发现，距离地球越远的星系移动速度越快。这一发现促使了宇宙膨胀乃至大爆炸理论的提出。哈勃的名字，如今被用来命名绕地球轨道观测星体的空间望远镜。没错，孩子，也许你将来也能成为一名科学家。

仁淀蓝，水底有光网

我探访了四国的仁淀川。脚踩河床上的圆石，我试着走近清流。水色被称为“仁淀蓝”，是澄澈到神秘的蓝色。天牛也好，维米尔也好，特别的蓝色总能洗涤我的心灵。从深山森林覆盖的仁淀川源流注入的水，在长年累月的土壤过滤中，透明度非常高。水看起来呈现蓝色的原因之一，是光线穿透水面时，波长长的红光等被吸收，只留下波长短的蓝光。

凝视着流水，我注意到了另一个美丽的现象。透过清澈的水看到的河底，映射出一张光网，细微地闪烁摇曳。真是让人百看不厌。这种光的无心之举也有属于它的名字，叫作焦散现象。

举个身边的例子，想想倾斜的酒杯就能明白。根据倾斜角度不同，桌面上的光线会形成心形或钻石形光影。这是液体表面反射的光在杯子的曲面上凝聚形成的图案。仁淀川的波纹就像无数个酒杯连成一片，共同创造出光之网。不断变化的图案让我想起了《方丈记》的开头，“浩浩河水，奔流不绝，但所流已非原先之水”。这也是对我们生命的隐喻。

寻找自我的长途旅行

一位朋友送给我一本书作圣诞礼物，是《迷途的孩子与大大的圆相遇》（谢尔·希尔弗斯坦著），这本书原本以仓桥由美子译的《失落的一角遇见大圆满》之名广为人知。而村上春树重新做了翻译。

“迷途的孩子”是“missing piece”的译名（仓桥译作“碎片”）。一片比萨形状的迷途的孩子总觉得自己不完整，四处寻找可以补全自己的东西，但是很难找到。后来，它终于找到了一个完美匹配的伙伴。然而，它只高兴了一会儿，随着迷途的孩子的成长，它们变得不再适合彼此。

这让我想起了雷欧·莱昂尼的《小碎片》（谷川俊太郎译）。主角是一片小小的橙色碎片。它深信自己是不完整的“部件”，因而踏上了寻找自己所属的大物件之旅。但它被所有人拒绝了。直到有一天，它意识到自己并非部分，而是一个完整的“自我”。

村上春树在《迷途的孩子》的后记中写道：“重要的不是找到合适的他人，而是找到合适的自我。”是的，不是以属性或职称，而是以自己的名字称呼自己。这需要时间。

以天才的话语为线索

即使我们无法完全理解数学本身，通过了解那些将一生奉献给数学的天才的人格，我们这些外行人也能够走近数学之美。我曾与以《数学的身体》一书为人所知的独立研究者森田真生，讨论过这样一位天才——冈清（1901—1978）。

冈清的古怪与孤傲在一张著名照片中便得以充分体现。照片定格在以一副严肃面孔走在乡间道路上的冈清突然跳跃起来的动作。照片中还捕捉到一个有趣的细节——一条狗惊讶地仰望着他。这张描绘天才本色的照片，不亚于爱因斯坦伸舌头的那一张。

冈清的专长是多复变函数论。虽然很难具体解释其内容，但通过他的随笔和言行，我们可以窥见他是如何看待这个世界的。他曾将发现规律时的喜悦，比作发现停留在树叶上的美丽的大紫蛱蝶时的感觉。我也喜欢蝴蝶，所以能理解这种感觉。这里有一种发现自己的思维与宇宙秩序之间联通时的陶醉感。

冈清曾将数学带来的自我变革描述为一种“内外双重窗户同时打开”的解放感。据说森田是因为被这句话打动才选择了数学之路。这里也存在着一条“通道”。

如果不说，就是肉

最近我去了趟美国。抱着试一试的心理，在一家快餐店点了热议中的“仿生肉”——一种用植物蛋白制成的汉堡排。

一个约5美元。等待了几分钟后，我打开热乎乎的包装，发现外观与普通汉堡无异，焦褐色的肉排夹在圆面包里。我马上尝了一口……真是做得太好了。味道和质感几乎与牛肉汉堡无异，只是油脂略显不足。如果没有人告诉我，我或许不会察觉。

这似乎将成为一大趋势。制造商的股价也在上涨。这项发明不仅适用于素食者，其背后是人们对地球环境问题意识的增强。与消耗大量水、饲料和土地来养殖家畜相比，摄取植物更加高效，可以养活更多人口。家畜打嗝对全球变暖的影响也令人担忧。蛋白质无论是动物来源还是植物来源，只要消化成氨基酸，作为营养素都是一样的。

文化人类学家列维-斯特劳斯曾预言，未来的人类看到我们把切好的肉摆在橱窗里展示（就像我们对过去的食人习俗感到恶心一般），他们也会感到厌恶。也许真的会有这样一天。

名为“新型”疾病的报复

当某种疾病的名字前冠以“新型”时（当然，采取紧急措施非常重要），我们或许需要以一个更广阔的视角来审视它。我想到的是“新型”雅各布病的案例。

雅各布病是一种极为罕见的神经退化性疾病，脑部受到海绵状侵蚀，导致患者心理和身体异常，最终死亡。这种奇怪的疾病通过食用患有疯牛病的牛肉传给了人类，形成了“新型”雅各布病。

其背后是人为的食物链重组。为了快速肥育牛，人们用便宜的肉骨粉——由死去的家畜制成的饲料喂食牛群。其中掺杂了本来是羊的一种地域性疾病——病毒性脑病的病原体。然而，从未有羊传染给人类的案例。这种病通过病原体传给牛后，发生了突变，变成了能够感染人类的类型。

过于追求经济效益，将草食动物强行变成肉食动物，甚至强制同类相食，导致了自然秩序中原本存在隔阂的物种间的壁垒被打破，病原体在羊—牛—人之间跨物种传播，不断变异。在疯牛病肆虐的英国，甚至通过输血发生了人际传播的新型雅各布病。“新型”疾病的暴发，可能是自然对人类愚蠢浅薄之举的报复。

盛极必衰之理

如果能够进行时间旅行，你想去哪个时代？作为昆虫爱好者，我会毫不犹豫地选择石炭纪。那是比恐龙横行的时代还要早的时代，距今约3亿年。那时，史上最大的昆虫在空中自由飞行，其中就有像巨大蜻蜓般的生物——巨蜓，翅膀展开可达75厘米长。我非常想亲眼看看它的模样。

当时的虫子体型巨大，这是为什么呢？因为那时的氧气浓度比现在高得多，可以更有效率地产能。产生氧气的是当时在湿地地带茂盛生长的植被，树梢高达几十米。然而，盛极必衰。植物过度吸收二氧化碳，导致地球寒冷化，引发了冰河期。那时候的森林堆积物后来变成了石炭和石油。之后，虽然也有植物繁盛的时期，但没有再变成化石燃料，原因是真菌开始发挥作用。真菌作为伟大的分解者，将植物和树木分解成糖和氨基酸，返还到环境循环中。

最后，一种自私的生物来到这颗星球，霸占资源，挖掘并燃烧了地球储存的大部分能源。这次是因二氧化碳过多导致的全球变暖。它还在不断砍伐森林——地球保持健康循环的希望所在。为了地球能恢复健康的循环，只能让这种自私的物种退出舞台。

学校不是非去不可

我的专栏收到了一封读者来信。写信者竟然只有7岁大。他用铅笔在可爱的信纸上写了满满一封。信中写道，他非常喜欢生物，尤其是赫拉克勒斯巨型甲虫（一种来自南美的巨型甲虫，信中附有图画）和长得像鸵鸟的古代恐龙奥斯尼尔洛龙（尽管拼写有些不同，但我猜应该是这个）。他还附上了自己用折纸制作的模型。

信中还写道："我不喜欢学校，所以不经常上学。但是，将来想成为生物学家。我该怎么做才好呢？"哦，可能是他的妈妈或爸爸给他读了我之前专栏中写到的关于一个想要听火车声音的男孩时，说过"孩子，也许你将来也能成为一名科学家"这段话吧。没关系。即使不上学，也能成为科学家。实际上有很多这样的人。

不过，你得学习。但因为是自己喜欢的事情，所以你一定能做到。无论是自学、家教还是其他任何方式都可以。首先，要掌握基础学习能力，因为这是科学的根本。如果你不喜欢学校，偶尔逃课或懈怠也没关系。准备好了之后，可以参加高中毕业资格考试（过去称为大学入学资格考试）。然后，考取你想进入的领域的大学专业。只要你敲门，学习的大门就会为你打开。

终将流逝

“祇园精舍之钟声，响诸行无常之道理。”[2]长久以来，我一直以为这处祇园指的是京都祇园附近的寺庙，实际上却是指位于印度腹地的一座寺院。

这种无常（不是指无情，而是指非恒定）的观念是如何根植于日本人心中的呢？这与《方丈记》的开头“浩浩河水，奔流不绝，但所流已非原先之水”对于流转的感慨相通，可能是在遭受连续的战乱、疫病、灾害、饥荒的过程中逐渐形成的吧。

如今引起大动荡的传染病，也终将消逝。并不是通过压制或根除的手段，而是通过与病毒共存的方式实现。通过疫苗和治疗药物的开发，更重要的是，通过我们对它的适应，它最终将成为日常风景的一部分。

《平家物语》接下来是这样写的：“娑罗双树之花色，显盛者必衰之真谛。骄奢者绝难长久……”在这里再加上动态平衡的说法也正合适。

我的这个定期专栏将到此结束。虽然我并不认为自己骄傲，但语言常会在无意间伤害人，或引人不悦。任何事情都会结束，也会因结束而有新的开始。感谢大家长久以来的阅读。

2　引自《平家物语》，[日]佚名著，王新禧译，上海译文出版社，2011.12。（下同）

★ 《朝日新闻》初次刊载名称一览 ★

（成书中修改了部分标题）

1. 2015.12.3—2016.7.7

生命的慷慨利他性 2015年12月3日
分解与更新永不停歇 2015年12月10日
因失而得之物 2015年12月17日
圆满的对称之美 2015年12月24日
受限而生的协调性 2015年12月31日
音乐与生命的韵律 2016年1月7日
美味与辣味，都细细品味 2016年1月14日
如何让蜥蜴转身 2016年1月21日
悲哀啊，男人这一“现象”2016年1月28日
科学无法通过“何谓DNA”得以诠释 2016年2月4日
“破坏”的意义 2016年2月11日
传承而来的生命“记忆”2016年2月18日
发现“缝隙”的蝴蝶们 2016年2月25日
拥有姓名的东西才会被看到 2016年3月3日
文理分科前 2016年3月10日
她发现了男性的秘密 2016年3月17日
“让溶酶体再次伟大”2016年3月24日
年少时邂逅的银蜓，化作建筑灵感 2016年3月31日
弱者的巧妙战略 2016年4月7日
美的起源——与生命紧密相连的蓝色 2016年4月14日
科学的进步，以“爱”为支撑 2016年4月21日
鸟儿能看见 2016年4月28日
于科学研究而言，建筑为何物 2016年5月5日
越看，越看不见 2016年5月12日
记忆存在于连接之中 2016年5月19日

2. 2016.7.14—2017.2.16

发现的背后是对酵母菌的爱 2016年12月1日
季节再度轮转 2016年12月8日
守护生命的玉米饼 2016年12月15日
AI啊，别小看生命 2016年12月22日
所谓“消化”其他生物 2016年12月29日
丁酉鸡年，想到恐龙的故事 2017年1月12日
纽约人也有好消息 2017年1月19日
为质数着迷 2017年1月26日
勺子弯曲背后，是质数的故事？ 2017年2月2日
明明是呕心沥血制成的药物！ 2017年2月9日
美国引导天才的力量 2017年2月16日

3. 2017.2.23—2017.9.21

尽管四处碰壁，却是最美好的日子 2017年2月23日
断绝的生命链 2017年3月2日
未知生命体所要考验的是—— 2017年3月9日
轻易介入自然 2017年3月16日
偏见之源，大脑创造的故事 2017年3月23日
学术自由，其中也有进步 2017年3月30日
语言铭刻在大脑中的逻辑 2017年4月6日
闪耀在培养皿中的星星 2017年4月13日
外星人与深褐色 2017年4月20日
老太婆和老头子这样的存在 2017年4月27日
鸳鸯夫妻，如果比作人类的话…… 2017年5月4日
用双筒望远镜欣赏初恋画作 2017年5月11日
北斗八星幽幽光 2017年5月18日
平流层抒情被打破 2017年5月25日
“不存在”的证明 2017年6月1日
季节的到来，蝴蝶知道 2017年6月8日

有房自由vs.无房自由 2017年6月15日
“不记得”才是真正的记忆 2017年6月22日
唯有感知生命之美的心灵 2017年6月29日
虽新潮但违和 2017年7月6日
放学后去书库迷宫 2017年7月13日
外来物种，最麻烦的是…… 2017年7月20日
制造即破坏 2017年7月27日
蓝色的惊奇感 2017年8月3日
什么是生命？西田哲学的定义 2017年8月10日
有时凶残的植物 2017年8月17日
通往终点的旅程 2017年8月24日
自由的生物之性 2017年8月31日
在京都看到熊蝉羽化 2017年9月7日
术语本土化的功与过 2017年9月14日
多摩川河口，邂逅孕育富饶之地 2017年9月21日

4. 2017.9.28—2018.5.31

飞机云，孤独的直线 2017年9月28日
雨中等待的人们 2017年10月5日
《圣经》最早的日译本 2017年10月12日
对霜柱的质朴研究 2017年10月19日
“你善于观察吗？”2017年10月26日
“蝇专家”的彼岸 2017年11月2日
每个街角的小小秘密 2017年11月9日
无与伦比的维米尔 2017年11月16日
蒙克听到的“呐喊”2017年11月23日
达·芬奇的动摇与颤抖 2017年11月30日
散落在城市角落的记忆 2017年12月7日
消失的青短，于藏书中寄托未来 2017年12月14日

昆虫少年的发现 2017年12月21日
并非驱赶，而是…… 2017年12月28日
稍加隐形 2018年1月11日
建筑家受欢迎的理由 2018年1月18日
镜头下的卡斯提拉科学 2018年1月25日
突然出现的敌人 2018年2月1日
把勒古恩的绘本推荐给那个人 2018年2月8日
生命的摇篮 2018年2月15日
拓扑学感知力在起作用 2018年2月22日
网络地图访古 2018年3月1日
草莓品种，公正的较量 2018年3月8日
亦强亦弱的水 2018年3月15日
为何会突然思春 2018年3月22日
防止篡改，内在标准才是正途 2018年3月29日
以为什么都没有的地方 2018年4月5日
你们现在如何生活 2018年4月12日
观察到刚切好的荞麦面的科学家 2018年4月19日
须贺敦子，不断被阅读的秘密 2018年4月26日
星球大战中的力量源泉 2018年5月3日
对白蚁也要心怀敬意 2018年5月10日
加古先生画作的背后 2018年5月17日
萨特所呼吁的 2018年5月24日
分解与合成，向死而生 2018年5月31日

5. 2018.6.7—2018.12.27

想要不断探寻“如何做”2018年6月7日
鼹鼠团结一致？让人心生畏惧 2018年6月14日
夜生夙消之物 2018年6月21日
追溯“某某发祥地”2018年6月28日

“科学家”维米尔的愿望 2018年7月5日
像削鲣鱼节一样 2018年7月12日
字斟句酌，我的写作修行 2018年7月19日
智能手机文字，让大脑紧绷？ 2018年7月26日
生命，时而消散时而相连 2018年8月2日
人文智慧的力量，你是否忘记了 2018年8月9日
须贺敦子与威尼斯 2018年8月30日
人类描绘的“空想”2018年9月6日
畅游书库迷宫的乐趣 2018年9月13日
过剩凌驾于效率之上 2018年9月20日
虫食算——尝试填空 2018年9月27日
为何没有描绘水面 2018年10月4日
因为他是持续观察生命的英雄 2018年10月11日
如果向植物播撒氨基酸…… 2018年10月18日
抓拍名画，接下来…… 2018年10月25日
自然界的奇妙之处，在此交汇 2018年11月1日
翠鸟的礼仪 2018年11月8日
进化论的成功与局限 2018年11月15日
关于陈列三岛作品书架的记忆 2018年11月22日
秋叶，无关人的想法 2018年11月29日
绘画：被封存的时间 2018年12月6日
如果把一杯水倒入海里 2018年12月13日
薛定谔的精髓 2018年12月20日
对抗宇宙大原则的大扫除 2018年12月27日

6. 2019.1.10—2020.3.19

黄昏云，复苏的记忆 2019年1月10日
外骨的无常感，我亦感同身受 2019年1月17日
诺贝尔奖的幕后英雄 2019年1月24日

冲绳的绳文人，对烤肉垂涎三尺？ 2019年1月31日
低调的背后的隐秘的光辉 2019年2月7日
盐，虽然现在是“坏蛋”2019年2月14日
时代的脉动，是否传承了下来 2019年2月21日
“脱靶效应”责任归谁 2019年2月28日
小蝶方知春 2019年3月7日
在“派日”思考数学 2019年3月14日
思考生命选择的一天 2019年3月21日
使用自己的“度量衡”之难 2019年3月28日
对蝶的思考，不论古今 2019年4月11日
北里大师何所思 2019年4月25日
为何不索性建一座奇特的大教堂？ 2019年5月16日
从1250本开始的进化 2019年5月30日
用微分解密病毒之谜 2019年6月13日
珍珠奶茶和“吸血”2019年6月27日
你能否时常保持自我怀疑 2019年7月11日
与森毅老师一起的日子 2019年7月25日
开始动摇的“常识”2019年8月8日
选择性生育，或能实现？ 2019年8月29日
晚年成就巅峰的北斋 2019年9月12日
学生们目睹的“9·11”事件 2019年9月26日
少年的笔记，我的话语 2019年10月10日
风造就的玫瑰色火腿 2019年10月24日
“外星人”不该是章鱼 2019年11月7日
留意世界的变化 2019年11月21日
仁淀蓝，水底有光网 2019年12月5日
寻找自我的长途旅行 2019年12月19日
以天才的话语为线索 2020年1月9日
如果不说，就是肉 2020年1月23日

名为“新型”疾病的报复 2020年2月6日

盛极必衰之理 2020年2月20日

学校不是非去不可 2020年3月5日

终将流逝 2020年3月19日

小开本 CπQST N
轻松读文库

产品经理：靳佳奇
视觉统筹：马仕睿 @typo_d
印制统筹：赵路江
美术编辑：杨瑞霖
版权统筹：李晓苏
营销统筹：好同学

豆瓣 / 微博 / 小红书 / 公众号
搜索「轻读文库」

mail@qingduwenku.com